SEAG039PO

LIMPIEZA, GESTIÓN DE RESIDUOS Y MEDIOAMBIENTE

SEAG039PO

LIMPIEZA, GESTIÓN DE RESIDUOS Y MEDIOAMBIENTE

Elsa Rubio Duce

La ley prohíbe fotocopiar este libro

SEAG039PO - LIMPIEZA, GESTIÓN DE RESIDUOS Y MEDIOAMBIENTE
Thema: RNH Gestión de residuos
Bisac: TEC010030
© Elsa Rubio Duce
© De la edición: Ra-Ma 2025

Editado por:
RA-MA Editorial
Calle Jarama, 3A, Polígono Industrial Igarsa
28860 PARACUELLOS DE JARAMA, Madrid
Teléfono: 91 658 42 80
Fax: 91 662 81 39
Correo electrónico: info@grupoeditorialrama.com
Internet: www.ra-ma.es y www.ra-ma.com
ISBN: 979-13-8776-448-7
Depósito legal: M-11713-2025
Maquetación: Antonio García Tomé
Diseño de portada: Antonio García Tomé
Filmación e impresión: Safekat
Impreso en España en junio de 2025

*Para quienes descubren un nuevo valor
en lo que otros descartan.*

Índice

Acerca de la autora

ELSA RUBIO DUCE

Graduada en Antropología Social y Cultural y con una pasión innata por la redacción y creación de contenido. Profesional autónoma especializada en la gestión de proyectos editoriales y el desarrollo de contenido formativo, con una amplia experiencia en tecnologías educativas y desarrollo web. Actualmente, colabora con diversas editoriales. Su dominio abarca el manejo de herramientas de IA como ChatGPT 4.0, Copilot, Perplexity, Gemini y Midjourney. Posee experiencia en lenguajes de programación como HTML5, CSS3 y JavaScript.

Introducción

La gestión de residuos ha pasado de ser una actividad de simple eliminación de desechos a un sistema integral que combina planificación, regulación, tecnología y concienciación social, asumiendo la responsabilidad a lo largo de todo el ciclo de vida de los productos. Este manual ofrece una guía para entender los fundamentos y la práctica de dicha gestión: describe conceptos generales, clasificaciones y criterios de caracterización, además de exponer la normativa aplicable a diferentes niveles y profundizar en los aspectos técnicos (recogida, tratamiento, valorización) y legales (producción, traslado, disposición). Con especial atención a los flujos específicos (sanitarios, industriales, agrarios) y a la legislación europea y española, aborda las obligaciones de productores, gestores y transportistas, la documentación requerida y los procedimientos de autorización y control, introduciendo también el enfoque de compliance ambiental. Asimismo, destaca la necesidad de la educación y la participación social para avanzar hacia una gestión más eficaz, ofreciendo herramientas de sensibilización, ejemplos prácticos y casos que permiten aplicar y afianzar los conocimientos en situaciones reales.

1

Conceptos generales y tipos de residuos

Este capítulo establece los fundamentos esenciales para comprender la gestión de residuos. Se analizan las definiciones clave, la clasificación según su origen y peligrosidad, y los criterios técnicos para su identificación. También se aborda la producción, composición e impacto ambiental de los residuos, sentando así las bases para los capítulos posteriores.

1.1 INTRODUCCIÓN A LA GESTIÓN DE RESIDUOS Y OBJETIVOS DEL ESTUDIO

La **gestión de residuos** ha experimentado una transformación significativa en las últimas décadas. En sus orígenes, se trataba principalmente de una actividad reactiva centrada en la **recogida y eliminación de desechos**, con el único objetivo de reducir los impactos inmediatos sobre la salud pública y la salubridad de los entornos urbanos. Durante mucho tiempo, la eliminación en vertederos fue la solución predominante, a menudo sin apenas control técnico ni consideración ambiental. Sin embargo, el crecimiento demográfico, la industrialización y el aumento exponencial de residuos generados pusieron en evidencia las **limitaciones de este modelo tradicional**.

El enfoque contemporáneo de la gestión de residuos se apoya en la **economía circular**, un concepto que promueve el aprovechamiento continuo de los recursos, la reducción de la generación de residuos y la prolongación del ciclo de vida de los productos. Bajo esta perspectiva, los residuos dejan de verse como un problema a eliminar y pasan a considerarse **recursos valiosos que pueden reincorporarse al sistema productivo** mediante procesos de **reutilización, reciclaje o valorización energética**. Este cambio de paradigma ha sido impulsado tanto por el desarrollo tecnológico como por la normativa internacional y europea, que exige ahora estrategias más eficientes, sostenibles y transparentes.

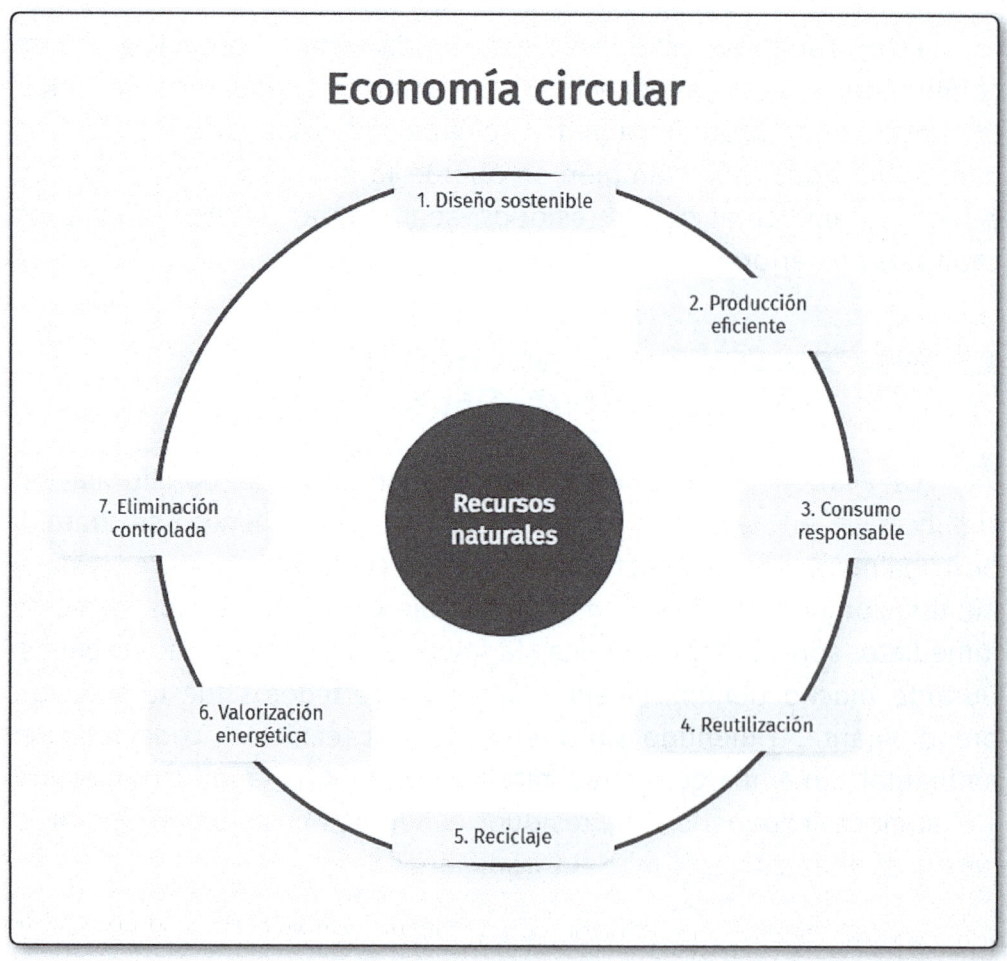

El proceso comienza con un **diseño sostenible**, que busca minimizar el impacto ambiental desde el origen de los productos. A continuación, se promueve una **producción eficiente**, que reduzca el uso de materias primas y energía, seguida de un **consumo responsable**, donde se prioriza la durabilidad, la reparación y la reutilización. Cuando los productos llegan al final de su vida útil, se potencia su **reutilización directa** o su transformación mediante **reciclaje**, convirtiendo los residuos en nuevas materias primas. En los casos en que el reciclaje no es viable, se recurre a la **valorización energética**, mediante procesos controlados que permiten recuperar energía a partir de los residuos. Como última opción, solo se contempla la **eliminación controlada** en vertederos autorizados, bajo estrictas condiciones ambientales. Este enfoque permite **cerrar el ciclo de vida de los productos** y avanzar hacia una gestión de residuos más eficiente, sostenible y alineada con los principios medioambientales actuales.

Este estudio se plantea con el objetivo de proporcionar una visión integral de la gestión de residuos, basada en **fundamentos técnicos, legales y ambientales**, que permita entender el funcionamiento completo del sistema: desde la generación inicial hasta la **eliminación o valorización final**. Comprender esta secuencia es esencial para identificar los puntos de mejora, aplicar buenas prácticas y cumplir con las exigencias legales actuales.

Los **objetivos específicos** del estudio se estructuran en tres grandes líneas:

1. **Comprender los fundamentos técnicos, legales y ambientales que estructuran la gestión integral de residuos**, incluyendo su clasificación, caracterización, tratamiento y los impactos que generan en el entorno.

2. **Identificar el marco normativo aplicable a la gestión de residuos en sus distintos niveles (internacional, europeo, estatal y autonómico)**, así como las responsabilidades legales de los distintos actores implicados, desde la generación hasta el traslado o la eliminación final.

3. **Aplicar criterios de sostenibilidad, prevención, valorización y cumplimiento normativo en el diseño de estrategias de gestión adaptadas a distintos tipos de residuos**, con especial atención a los flujos específicos, la documentación obligatoria, el compliance ambiental y la sensibilización social.

1.2 DEFINICIONES CLAVE: RESIDUO, SUBPRODUCTO, FIN DE LA CONDICIÓN DE RESIDUO

Uno de los primeros pasos para comprender cómo funciona el sistema de gestión integral de residuos es **dominar el vocabulario técnico y legal** que lo estructura. No se trata solo de una cuestión terminológica: las diferencias entre términos como *residuo*, *subproducto* y *fin de la condición de residuo* tienen **consecuencias directas en las obligaciones legales, en los procesos de tratamiento y en las decisiones que deben tomar tanto las empresas como las administraciones públicas.**

Residuo: Se desecha por decisión del poseedor (ej.: aceite usado).

Subproducto: No es residuo, se genera y se usa directamente (ej.: bagazo de uva).

Fin de residuo: Tras tratamiento, se convierte en recurso útil (ej.: chatarra reciclada).

Según la legislación europea y española, **un residuo** se define como *cualquier sustancia u objeto del que su poseedor se desprenda o tenga la intención o la obligación de desprenderse.* Esta definición aparece en la **Ley 7/2022, de residuos y suelos contaminados para una economía circular,** y en la Directiva 2008/98/CE. Por ejemplo, una caja de cartón que se tira al contenedor amarillo tras su uso o el aceite usado de una cocina industrial serían considerados residuos, ya que han perdido su utilidad original y deben gestionarse adecuadamente para evitar impactos ambientales o riesgos para la salud.

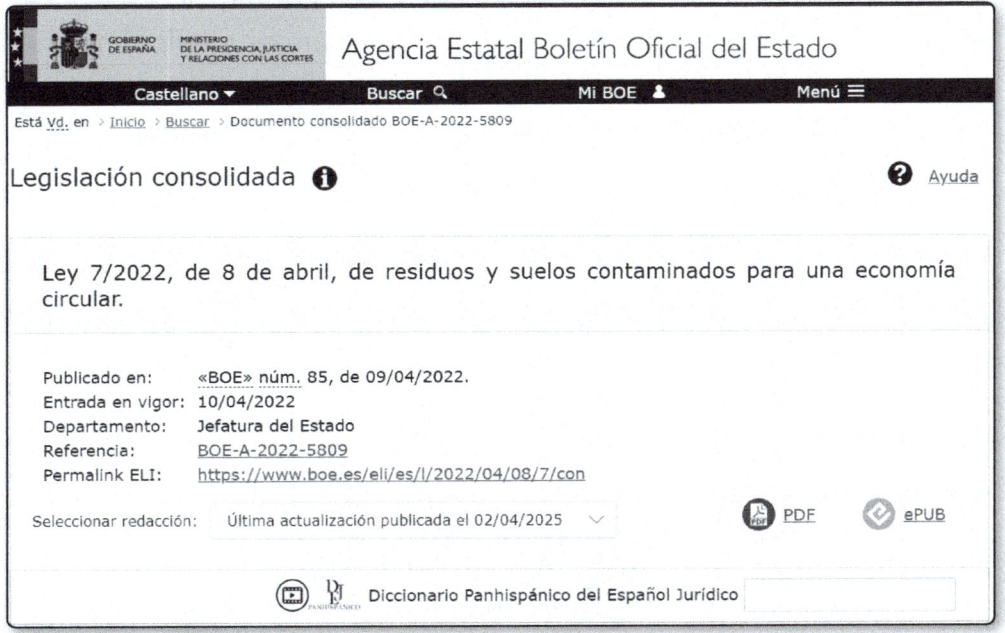

En cambio, **un subproducto** no es legalmente un residuo, aunque se le parezca mucho. Se trata de una **sustancia o un objeto que se genera de forma no intencionada durante un proceso de producción,** pero que puede utilizarse directamente en otro proceso, siempre que cumpla ciertos requisitos. Para que algo sea considerado subproducto y no residuo, debe garantizarse que su utilización posterior es segura, legal y viable sin necesidad de tratamientos adicionales. Un buen ejemplo sería el **bagazo** (resto de uva) generado por las bodegas durante la elaboración del vino, que puede aprovecharse en la industria cosmética o para la producción de biomasa. En este caso, no se considera residuo porque tiene un uso previsto y directo, sin necesidad de desecharlo.

Por otro lado, existe también la figura del **fin de la condición de residuo**. Este concepto hace referencia al momento en que **un residuo, tras someterse a un proceso de tratamiento, deja de ser considerado legalmente como tal** y se convierte en un recurso útil. Para que eso ocurra, deben cumplirse varios criterios: el material debe haber pasado por un proceso de valorización, debe cumplir con normativas específicas de calidad y no puede representar un peligro para el medio ambiente o la salud. Un ejemplo concreto es el de la **chatarra metálica reciclada**: una vez tratada, puede usarse de nuevo como materia prima en la fabricación de nuevos productos, dejando atrás su condición de residuo.

Estas definiciones no son solo etiquetas. Tienen **un papel clave en la normativa**, ya que determinan qué procedimientos se deben seguir, qué documentos hay que presentar, qué permisos se necesitan y qué controles se aplican. Por ejemplo, si una empresa puede demostrar que su material cumple los requisitos para ser considerado un subproducto, evitará las exigencias legales asociadas a la gestión de residuos. Del mismo modo, lograr que un material alcance el fin de la condición de residuo puede **abrirle las puertas al mercado como producto recuperado**, impulsando la economía circular y reduciendo el uso de materias primas vírgenes.

1.3 CLASIFICACIÓN DE RESIDUOS

Para que la gestión de residuos sea efectiva y se ajuste a los principios de sostenibilidad, legalidad y eficiencia operativa, es imprescindible contar con un sistema de **clasificación estructurado** que permita identificar de forma clara el tipo de residuo generado y determinar su tratamiento más adecuado. Esta clasificación facilita el cumplimiento normativo, optimiza la planificación logística, reduce riesgos y favorece la valorización de materiales siempre que sea posible. Existen **diferentes criterios para clasificar los residuos**, y cada uno responde a una necesidad concreta dentro del sistema de gestión integral. Uno de los más utilizados es el que distingue entre **residuos peligrosos y no peligrosos**, basado en las características físico-químicas que representan un riesgo potencial para la salud o el medio ambiente. Otro criterio esencial es la **clasificación según el origen**, que diferencia los residuos procedentes del entorno urbano, industrial, sanitario, rural, minero, entre otros. Cada tipo de residuo tiene una **composición, un volumen y una problemática asociada** distinta, lo que exige enfoques específicos en su recogida, transporte, tratamiento y trazabilidad. Esta diversidad obliga a desarrollar políticas y estrategias adaptadas, con herramientas normativas y técnicas acordes a cada flujo.

1.3.1 Según peligrosidad: residuos peligrosos y no peligrosos

En la gestión integral de residuos, uno de los aspectos más relevantes a tener en cuenta desde el primer momento es la **peligrosidad del residuo**, ya que esta característica condiciona directamente su tratamiento, su transporte, el tipo de instalaciones necesarias para su gestión y las medidas de seguridad que deben aplicarse. Por ello, **la clasificación de los residuos según su peligrosidad** responde a un criterio técnico, legal, preventivo y operativo, cuyo propósito principal es evitar daños al medio ambiente, a las personas y a las infraestructuras implicadas en el ciclo de gestión.

La legislación vigente en España, alineada con la normativa europea, establece que un residuo se considera **peligroso** cuando presenta una o varias de las **características de peligrosidad enumeradas en la Directiva 2008/98/CE** y recogidas también en el **Real Decreto 553/2020 y la Ley 7/2022, de residuos y suelos contaminados para una economía circular**. Estas características incluyen, entre otras, la inflamabilidad, la toxicidad aguda, el carácter explosivo, la corrosividad, la capacidad de liberar gases tóxicos al contacto con el agua o el aire, y la peligrosidad para el medio ambiente. Además, un residuo puede ser considerado peligroso si contiene sustancias clasificadas como **carcinógenas, mutágenas o tóxicas para la reproducción**, en concentraciones superiores a los umbrales definidos por la normativa.

Para determinar si un residuo es peligroso o no, se utilizan **criterios técnicos basados en análisis físico-químicos y en la identificación de códigos del Listado Europeo de Residuos (LER)**. Este listado, comúnmente utilizado en toda la Unión Europea, asigna a cada tipo de residuo un código de seis cifras. Los residuos que se consideran peligrosos están marcados con un asterisco junto al código. La asignación correcta del código LER es fundamental para garantizar el cumplimiento legal, ya que de ello dependerá qué documentación es necesaria, si se requiere un gestor autorizado o si se deben aplicar requisitos específicos en el almacenamiento o transporte.

Los residuos **no peligrosos**, en cambio, son aquellos que no presentan ninguna de las características de peligrosidad mencionadas anteriormente. Pese a ello, su gestión también debe realizarse de forma ordenada y controlada, especialmente cuando se generan en grandes cantidades o cuando tienen un impacto ambiental considerable. Ejemplos habituales de residuos no peligrosos serían los restos de jardinería, el cartón, el vidrio, los envases ligeros o los residuos biodegradables procedentes de la recogida municipal. Aunque no impliquen un riesgo inmediato para la salud o el entorno, su acumulación descontrolada o su vertido inadecuado pueden provocar problemas como malos olores, proliferación de vectores (como roedores o insectos), ocupación del espacio en vertederos o emisión de gases de efecto invernadero durante su descomposición.

El hecho de que un residuo sea considerado peligroso **implica importantes obligaciones para su productor y para todos los agentes implicados en su manipulación y traslado**. Por ejemplo, se requiere un almacenamiento específico en envases homologados, con etiquetado claro y visible que indique los riesgos asociados. Además, el transporte debe ser realizado por empresas autorizadas y bajo condiciones controladas, incluyendo la trazabilidad mediante el Documento de Identificación (DI) y, en ciertos casos, la notificación previa a las autoridades ambientales. También es necesario contratar a un gestor de residuos autorizado que se haga cargo del tratamiento, y conservar la documentación relacionada durante al menos tres años, según marca la normativa.

Etapa	Acción/ criterio	¿Quién la realiza?	¿Cómo se determina?	¿Qué implica si es peligroso?
1. Generación del residuo	Identificar el residuo generado (sustancia u objeto del que se va a desprender)	Productor del residuo	Recogida de datos sobre proceso, materiales usados, mezclas, etc.	El productor debe asegurar su correcta identificación desde el origen.
2. Clasificación preliminar	Consultar el Listado Europeo de Residuos (LER)	Productor o técnico especializado	Asignación de un código de 6 cifras. Si aparece con asterisco (*), es peligroso o potencialmente peligroso.	Aplican controles y obligaciones específicas si se confirma la peligrosidad.
3. Análisis de peligrosidad	Verificar si el residuo presenta características peligrosas (HP) recogidas en la Directiva 2008/98/CE	Laboratorio autorizado o consultora técnica	Ensayos físico-químicos, fichas de seguridad de productos usados, concentración de sustancias peligrosas, normativa CLP.	Se establece si requiere almacenamiento especial, gestor autorizado, etiquetado, EPIs, etc.

Etapa	Acción/ criterio	¿Quién la realiza?	¿Cómo se determina?	¿Qué implica si es peligroso?
4. Confirmación oficial	Confirmar si el residuo entra dentro de la categoría de residuos peligrosos según Ley 7/2022 y RD 553/2020	Autoridad o auditor ambientales externo	Comparación con límites legales de peligrosidad, revisión de documentación técnica y análisis realizados.	Se deben seguir protocolos específicos en transporte, tratamiento y documentación.
5. Documentación y trazabilidad	Elaborar y registrar la documentación obligatoria	Productor, gestor y transportista	Documento de identificación (DI), etiquetas, registro cronológico, notificación previa en caso de traslado.	Toda la cadena de gestión queda sometida a inspección, control y trazabilidad obligatoria.
6. Tratamiento del residuo	Derivar el residuo a instalaciones autorizadas para residuos peligrosos	Gestor autorizado	Valorización o eliminación según lo permitido legalmente para ese tipo de residuo.	Solo pueden intervenir gestores que dispongan de autorización específica para peligrosos.

En términos operativos, **la identificación de un residuo como peligroso obliga a adoptar medidas de prevención de riesgos laborales**, como la utilización de equipos de protección individual (EPIs), la formación específica del personal, la señalización del lugar de almacenamiento y la elaboración de planes de emergencia o protocolos de actuación en caso de derrames, incendios o accidentes. Además, las instalaciones que gestionan residuos peligrosos deben cumplir con requisitos técnicos y ambientales más exigentes, incluyendo sistemas de contención, control de emisiones, impermeabilización de suelos o medidas de protección frente a explosiones.

Nota

¿Cómo se determina si un residuo es peligroso?

Los pasos principales para determinar su peligrosidad son los siguientes:

- **PASO 1.** Asignación del código LER (Listado Europeo de Residuos)

  ▶ Cada residuo debe clasificarse con un **código de seis cifras** del LER.

  ▶ Si el código aparece con un **asterisco (*)**, se considera **residuo peligroso** o **potencialmente peligroso**, y hay que seguir verificando.

- **PASO 2.** Comprobación de la composición química

  ▶ Se analiza la **composición del residuo** (ya sea una sustancia pura, una mezcla o un resto de proceso).

  ▶ Se consultan las **fichas de seguridad (SDS)** de los productos que lo han generado.

  ▶ Se examinan las **sustancias peligrosas** presentes, según el **Reglamento CLP (Reglamento (CE) nº 1272/2008)**.

- **PASO 3.** Determinación de características de peligrosidad (HP1–HP15)

  ▶ Las características de peligrosidad más comunes incluyen:

  ▶ **HP1**: explosivo

    - **HP2**: oxidante
    - **HP3**: inflamable
    - **HP4**: irritante
    - **HP5**: tóxico específico

- **HP6**: tóxico agudo
- **HP8**: corrosivo
- **HP14**: ecotóxico
- **HP15**: residuo que puede volverse peligroso más adelante

▶ Se evalúan mediante **métodos analíticos de laboratorio** (como el pH, el punto de inflamación, el contenido en metales pesados, etc.).

• **PASO 4.** Comparación con límites normativos

▶ Se comparan los resultados de laboratorio con los **umbrales legales** establecidos para cada sustancia peligrosa.

▶ Por ejemplo, si un residuo contiene más del 0,1 % de una sustancia cancerígena, ya puede clasificarse como peligroso (según las fichas de seguridad y tablas del CLP).

• **PASO 5.** Clasificación final como peligroso o no peligroso

▶ Si se confirma que el residuo presenta una o más características HP, **se clasifica como residuo peligroso**.

▶ Si no presenta ninguna, o las concentraciones están por debajo de los límites, **se considera no peligroso**.

¿Quién determina la peligrosidad?

▶ **El productor del residuo** es el primer responsable de identificar correctamente su peligrosidad.

▶ En muchos casos, se requiere el apoyo de **consultoras técnicas** o **laboratorios autorizados**, sobre todo cuando no se dispone de información suficiente.

▶ La administración puede **revisar y exigir correcciones** si se detecta una clasificación incorrecta.

¿Qué ocurre si se considera peligroso?

▶ Se deben aplicar medidas especiales:

- **Etiquetado obligatorio** con pictogramas de peligro.

- **Almacenamiento separado** y seguro.

- **Transporte con documentación (DI)** y por empresas autorizadas.

- **Tratamiento por gestores de residuos peligrosos**.

- **Registro y trazabilidad durante 3 años** mínimo.

1.3.2 Según origen: urbanos, industriales, rurales, sanitarios, mineros, etc.

Además de la peligrosidad, otro criterio fundamental para clasificar los residuos dentro de un sistema de gestión integral es su **origen o procedencia**. Esta clasificación permite organizar los flujos de residuos según su contexto de generación, lo que facilita la planificación de su recogida, tratamiento, valorización o eliminación. Cada tipo de residuo tiene características propias, tanto en su composición como en su frecuencia de aparición, lo que exige **estrategias diferenciadas de gestión y tecnologías específicas de tratamiento**. A continuación, se explican los principales tipos de residuos según su origen, tomando como referencia el marco legal y técnico vigente en España y en la Unión Europea.

Los **residuos urbanos o municipales** son aquellos que proceden de los hogares, los comercios, las oficinas, los servicios y, en algunos casos, de pequeñas industrias que generan residuos similares a los domésticos. Incluyen materiales como envases, restos de comida, papel, vidrio, textiles, muebles, aparatos eléctricos en desuso o residuos voluminosos.

Su gestión suele estar bajo la responsabilidad de las administraciones locales, que organizan la recogida selectiva, los puntos limpios, el tratamiento en plantas de clasificación o compostaje y, en último término, el vertido o la valorización energética. En las ciudades, este tipo de residuos representa una **gran parte del volumen total gestionado**, lo que convierte su recogida y tratamiento en un componente esencial de los servicios públicos.

En el ámbito económico, destacan los **residuos industriales**, generados por actividades manufactureras, extractivas o de transformación. Su composición es muy diversa, ya que depende del tipo de industria: puede tratarse de restos metálicos, plásticos, aceites, pinturas, lodos, disolventes o materiales peligrosos como baterías o productos químicos. A menudo, estos residuos requieren **sistemas especializados de almacenamiento, transporte y tratamiento**, y en muchos casos están sujetos a una normativa más estricta. Las empresas generadoras deben contar con un gestor autorizado y llevar un control documental riguroso, tanto por motivos legales como por razones de seguridad ambiental y laboral.

Por su parte, los **residuos rurales**, también conocidos como residuos agrarios y ganaderos, provienen de la actividad agrícola, forestal y pecuaria. En este grupo se encuentran restos vegetales, estiércol, purines, envases de productos fitosanitarios, plásticos de acolchado, fertilizantes caducados o maquinaria en desuso. La gestión adecuada de estos residuos es especialmente importante en zonas rurales y agrícolas, donde la falta de infraestructuras o de recursos técnicos puede dar lugar a prácticas inadecuadas, como quemas al aire libre o vertidos incontrolados. Existen **programas específicos de recogida y valorización**, como la producción de compost a partir de restos orgánicos o el uso de purines como fertilizantes tras su tratamiento.

Otro grupo especialmente delicado son los **residuos sanitarios**, generados en hospitales, clínicas, centros de salud, laboratorios, farmacias y otros establecimientos relacionados con la atención sanitaria o veterinaria. Estos residuos incluyen materiales punzantes, bolsas con sangre, tejidos humanos, medicamentos caducados, materiales de protección contaminados o productos químicos peligrosos. Debido a su **potencial infeccioso o tóxico**, requieren una gestión muy controlada, con separación en origen, envasado seguro, transporte autorizado y tratamiento mediante técnicas como la esterilización, la incineración o el confinamiento. En la mayoría de los casos, la normativa exige también **registros documentales precisos** y formación específica del personal implicado.

Por último, los **residuos mineros** se generan en actividades de extracción y tratamiento de minerales, canteras o explotaciones a cielo abierto. Suelen estar compuestos por **esteriles, lodos, polvos, escombros o aguas contaminadas** con metales pesados. Estos residuos pueden acumularse en grandes cantidades y tener efectos a largo plazo sobre el suelo, el agua y la biodiversidad, por lo que deben gestionarse conforme a planes de restauración ambiental aprobados por la administración competente. En este ámbito, la **gestión integrada de residuos se conecta directamente con la prevención de la contaminación de suelos y aguas subterráneas**, así como con la recuperación de ecosistemas degradados.

Ejemplo

Situación	Tipo de residuo	Clasificación según origen
Restos de comida y envases mezclados recogidos en una vivienda	Orgánicos y envases	Urbano
Cartón y embalajes desechados en un supermercado	Residuos comerciales	Urbano
Virutas metálicas, aceites usados y disolventes en una fábrica de automoción	Residuos industriales	Industrial
Plásticos agrícolas y envases de fitosanitarios	Residuos agrarios	Rural
Estiércol y purines en una explotación ganadera	Residuos ganaderos	Rural

Situación	Tipo de residuo	Clasificación según origen
Jeringuillas, guantes y gasas de un hospital	Residuos biosanitarios	Sanitario
Fármacos caducados en una farmacia	Medicamentos desechados	Sanitario
Escombros, rocas y lodos de una cantera	Estériles y residuos mineros	Minero
Lodos con metales pesados de planta minera	Lodos peligrosos	Minero
Ordenadores y electrodomésticos en punto limpio	RAEEs	Urbano
Restos de poda recogidos por el ayuntamiento	Residuos vegetales	Urbano
Envases de productos de limpieza de un colegio	Residuos químicos	Urbano
Aceites de cocina usados de un restaurante	Residuos grasos	Urbano
Pinturas y disolventes en una nave de carpintería	Residuos químicos	Industrial
Polvo de taladro y yeso de una reforma doméstica	Escombros domésticos	Urbano
Papel y documentos triturados en una oficina	Residuos de papel	Urbano
Telas y restos de producción textil	Residuos textiles	Industrial
Desechos de frutas en una cooperativa agrícola	Residuos orgánicos	Rural
Vacunas caducadas de un centro veterinario	Residuos sanitarios	Sanitario
Líquidos refrigerantes en una planta metalúrgica	Residuos peligrosos	Industrial
Cáscaras de almendra usadas como biomasa	Subproductos agrícolas	Rural

Situación	Tipo de residuo	Clasificación según origen
Neumáticos fuera de uso en un taller	Residuos especiales	Industrial
Plásticos de embalaje en una empresa logística	Residuos plásticos	Industrial
Residuos de laboratorio universitario	Químicos de laboratorio	Sanitario
Baterías usadas en un centro de reciclaje	Residuos peligrosos	Urbano
Material contaminado por COVID-19 en centro de salud	Residuos infecciosos	Sanitario
Aguas residuales de lavado de minerales	Residuos líquidos	Minero
Ropa usada en un contenedor de recogida solidaria	Textiles reutilizables	Urbano
Cenizas de biomasa en una planta energética	Residuos de combustión	Industrial
Madera tratada de demolición de una obra	Residuos de construcción	Urbano

Aparte de estas categorías principales, también existen otros orígenes relevantes como los **residuos de construcción y demolición**, los residuos comerciales (generados por grandes superficies o mercados), los **residuos tecnológicos** (como ordenadores, móviles, baterías o electrodomésticos), y los residuos específicos como neumáticos, pilas, aceites usados o vehículos fuera de uso. Todos ellos requieren **tratamientos adaptados a sus particularidades técnicas y normativas**, así como políticas públicas y campañas de sensibilización para garantizar su correcta separación, recogida y reciclado.

1.4 CARACTERIZACIÓN E IDENTIFICACIÓN DE RESIDUOS

Una parte esencial de la gestión integral de residuos es saber **exactamente qué tipo de residuo se está manejando**. No basta con saber si es urbano, industrial o si contiene sustancias peligrosas: es necesario caracterizarlo con precisión, es decir, **determinar sus propiedades físicas, químicas y biológicas**, y asignarle un código oficial que lo identifique claramente en todos los procesos administrativos, desde su almacenamiento hasta su tratamiento final. Esta caracterización es lo que permite decidir con fundamento si el residuo debe reciclarse, almacenarse, valorizarse o eliminarse, y bajo qué condiciones.

1.4.1 Parámetros físicos, químicos y biológicos

El primer paso en la caracterización técnica de un residuo consiste en analizar sus **propiedades físicas, químicas y biológicas**, ya que estas determinan tanto su peligrosidad como su comportamiento en diferentes etapas del proceso de gestión.

Parámetros físicos

Estado del residuo (sólido, líquido, pastoso, gaseoso), granulometría, densidad, viscosidad, humedad.

Parámetros químicos

Identificación de sustancias peligrosas: ácidos, disolventes, metales pesados, inflamables, tóxicos, corrosivos.

Parámetros biológicos

Presencia de microorganismos, restos infecciosos o material biodegradable que genera gases y lixiviados.

Entre los **parámetros físicos más comunes** se encuentra el estado del residuo (sólido, líquido, pastoso o gaseoso), su granulometría, la densidad, la viscosidad o el contenido en humedad. Estas características son relevantes porque afectan a la forma de recogida, el tipo de envase, los equipos de transporte y las condiciones de almacenamiento. Por ejemplo, un residuo pulverulento necesita medidas de contención especiales para evitar la dispersión de partículas al aire, mientras que un residuo líquido puede requerir cubas estancas o depósitos con sistemas de seguridad ante derrames.

En cuanto a los **parámetros químicos**, se evalúa la composición del residuo para identificar sustancias peligrosas o reactivas, como ácidos, disolventes, metales pesados, compuestos inflamables, explosivos, corrosivos o tóxicos. Estos análisis permiten determinar si el residuo presenta alguna de las **características de peligrosidad (HP)** definidas por la legislación europea. Para ello, se suelen realizar ensayos de laboratorio, consultar las fichas de seguridad de los productos que originan el residuo y utilizar métodos normalizados según estándares técnicos. En algunos casos, basta con una revisión documental, pero en otros se necesita un estudio analítico detallado.

Respecto a los **parámetros biológicos**, estos cobran especial importancia en residuos orgánicos o sanitarios, ya que pueden albergar microorganismos patógenos, restos biológicos infecciosos o materiales degradables que generan gases y lixiviados. La presencia de elementos biológicamente activos implica riesgos sanitarios y ambientales que deben considerarse tanto en la fase de recogida como en el tratamiento, especialmente si se opta por la valorización biológica (como el compostaje) o si se almacenan en condiciones que favorecen la proliferación de bacterias u hongos.

1.4.2 Listado Europeo de Residuos (LER)

Una vez caracterizado el residuo, se procede a su **identificación oficial mediante el Listado Europeo de Residuos (LER)**, un sistema de codificación armonizado en toda la Unión Europea que asigna a cada tipo de residuo un **código de seis cifras**, agrupado en 20 capítulos según la actividad que lo genera. Este listado, aprobado por la **Decisión 2014/955/ UE**, establece una nomenclatura común que facilita la trazabilidad, el control administrativo y la comunicación entre productores, gestores, transportistas y autoridades competentes. Por ejemplo, un residuo de disolvente de una industria química puede clasificarse como *14 06 03 (otros disolventes y mezclas de disolventes) **, mientras que el papel y cartón recogido en oficinas corresponde al código **20 01 01**.

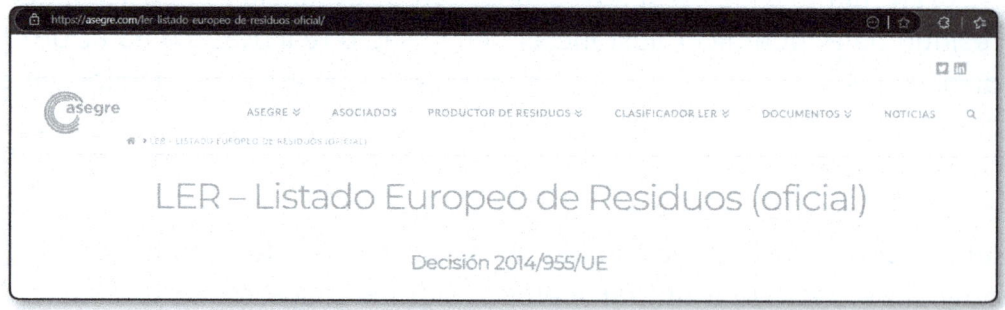

https://asegre.com/ler-listado-europeo-de-residuos-oficial/

El LER distingue entre **residuos peligrosos** y **no peligrosos**, utilizando un asterisco (*) para señalar aquellos que presentan riesgos. En muchos casos, un residuo puede tener una **clasificación "espejo"**, es decir, puede clasificarse como peligroso o no peligroso en función de su composición real. Esto obliga a realizar una evaluación detallada, ya que una mala asignación del código puede acarrear sanciones o una gestión inadecuada. Es responsabilidad del productor identificar correctamente el residuo y mantener registros actualizados que lo justifiquen, incluyendo los análisis de laboratorio, las fichas técnicas y otros documentos relevantes.

1.4.3 Codificación y etiquetado

Una vez determinado el código LER, el residuo debe ser **codificado y etiquetado conforme a la normativa vigente**, siguiendo las pautas establecidas en el **Reglamento CLP (CE 1272/2008)**, que regula la clasificación, el etiquetado y el envasado de sustancias y mezclas peligrosas en Europa. El etiquetado es una herramienta clave para la **identificación visual inmediata de los riesgos** que presenta un residuo, y debe incluir al menos: el nombre del residuo, el código LER, los **pictogramas de peligro**, las advertencias de seguridad, la identificación del productor y la fecha de envasado.

> ### ⓘ RECURSO
>
> Enlace al REGLAMENTO (CE) No 1272/2008 DEL PARLAMENTO EUROPEO Y DEL CONSEJO de 16 de diciembre de 2008 sobre clasificación, etiquetado y envasado de sustancias y mezclas, y por el que se modifican y derogan las Directivas 67/548/CEE y 1999/45/CE y se modifica el Reglamento (CE) no 1907/2006 (Texto pertinente a efectos del EEE): https://eur-lex.europa.eu/legal-content/ES/TXT/PDF/?uri=CELEX:32008R1272

En el caso de residuos peligrosos, el etiquetado debe ser especialmente visible, duradero y resistente, y acompañar al residuo en todo momento, desde su almacenamiento hasta su entrega a un gestor autorizado. Además, los recipientes deben cumplir con requisitos específicos de homologación, en función del tipo de residuo y su estado físico. Por ejemplo, los bidones que contienen líquidos inflamables deben tener sistemas de cierre hermético y estar fabricados con materiales resistentes a la corrosión.

Elementos obligatorios de la etiqueta:

Elemento	¿Es obligatorio?	Notas
Nombre del residuo	✔ Sí	Debe ser claro y coherente con la documentación.
Código LER	✔ Sí	El código debe ir con asterisco si es peligroso.
Pictogramas CLP	✔ Sí	Deben estar impresos en color, visibles y con tamaño adecuado.
Características de peligrosidad (HP)	✔ Sí	Deben expresarse con su código y descripción.
Productor del residuo y NIMA	✔ Sí	NIMA = Número de Identificación Medioambiental.
Fecha de envasado	✔ Sí	Para controlar la caducidad y trazabilidad.
Instrucciones de manipulación/precaución	✔ Recomendado	Mejora la seguridad en el manejo.
Destino previsto (gestor autorizado)	✘ No obligatorio, pero útil	Ayuda a tener un seguimiento visual.

¿Dónde se coloca?

- En el recipiente o bidón, pegada visiblemente, sin cubrir otras etiquetas de seguridad.

- En caso de residuos líquidos, debe colocarse en un soporte resistente y no removible por derrame o humedad.

- Si el residuo se transporta, debe ir acompañada del Documento de Identificación (DI).

A continuación, se exponen los pictogramas para el etiquetado de residuos:

Columna izquierda:

- ▶ Peligro para la salud (Símbolo: silueta con estrella en el pecho).
  - • Indica que puede provocar efectos graves como cáncer, mutaciones genéticas, afectación de la fertilidad, sensibilización respiratoria, etc.
- ▶ Peligro para el medio ambiente acuático (Símbolo: pez y árbol muertos).
  - • Sustancias que son tóxicas o muy tóxicas para los organismos acuáticos, con efectos a corto o largo plazo.
- ▶ Toxicidad aguda (Símbolo: calavera y tibias cruzadas).
  - • Sustancias que pueden ser mortales, muy tóxicas o nocivas por inhalación, ingestión o contacto con la piel.

Columna central:

- ▶ Explosivo (Símbolo: explosión).
  - • Sustancias o mezclas que pueden explotar al contacto con una llama, calor o por fricción.

- ▼ Inflamable (Símbolo: llama).

  - Productos que se inflaman con facilidad al contacto con el aire, una chispa o una fuente de calor.

- ▼ Peligro general / Irritación / Sensibilización cutánea (Símbolo: exclamación).

  - Sustancias irritantes para la piel o los ojos, o que provocan reacciones alérgicas leves.

Columna derecha:

- ▼ Gas a presión (Símbolo: botella de gas).

  - Gases comprimidos, licuados o disueltos que pueden explotar si se calientan o liberarse de forma violenta.

- ▼ Corrosivo (Símbolo: líquidos atacando una mano y un metal).

  - Puede causar quemaduras graves en la piel y daños en ojos, así como corroer metales.

- ▼ Comburente (Símbolo: llama sobre círculo).

  - Sustancias que no arden por sí solas, pero favorecen la combustión de otras.

ⓘ RECURSO

El Ministerio para la Transición Ecológica y el Reto Demográfico (MITECO), a través de su portal oficial, pone a disposición de la ciudadanía una sección específica de "Manuales y guías" dentro del área de calidad y evaluación ambiental. En este espacio se recogen documentos técnicos y divulgativos elaborados por el propio Ministerio o en colaboración con entidades especializadas, con el objetivo de facilitar el cumplimiento normativo, la gestión responsable de los residuos y la mejora continua en materia ambiental. Estas publicaciones abordan temas como residuos municipales, peligrosos, industriales o sanitarios, e incluyen herramientas prácticas como diagramas, protocolos, clasificaciones o criterios de actuación. La información está disponible para su descarga pública y constituye un recurso esencial tanto para profesionales del sector como para administraciones, empresas o centros educativos.

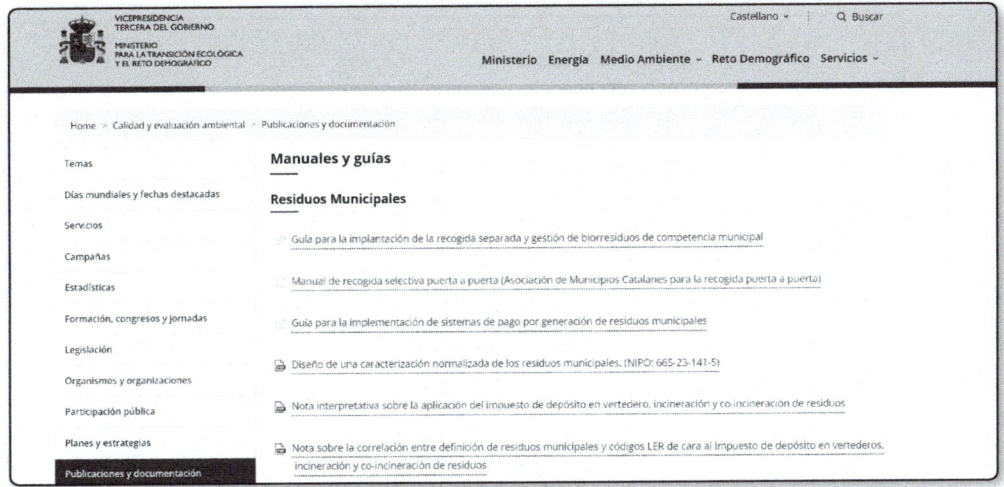

1.4.4 Fichas de seguridad y diagramas de asignación

La **ficha de datos de seguridad (FDS)** es otro elemento fundamental en la identificación y gestión de residuos, especialmente cuando estos derivan de productos químicos o mezclas industriales. Esta ficha proporciona información técnica y preventiva sobre el residuo, incluyendo su composición, peligrosidad, medidas de actuación en caso de emergencia, instrucciones de almacenamiento y procedimientos de eliminación. Aunque las fichas de seguridad están pensadas originalmente para sustancias y mezclas comerciales, su contenido resulta también muy útil a la hora de caracterizar residuos complejos o con potencial peligroso.

Por otro lado, los **diagramas de asignación** o **árboles de decisión** son herramientas gráficas que ayudan a seleccionar el código LER correcto a partir de una serie de preguntas estructuradas: ¿qué actividad genera el residuo?, ¿qué tipo de material es?, ¿contiene sustancias peligrosas?, ¿supera los umbrales legales? Este tipo de esquemas se utiliza tanto en auditorías como en formación técnica, ya que facilita la toma de decisiones y reduce los errores en la clasificación inicial.

Por ejemplo, el Ministerio para la Transición Ecológica y el Reto Demográfico ofrece el siguiente diagrama de flujo del proceso de clasificación de un residuo a partir de la clasificación de las sustancias que contiene:

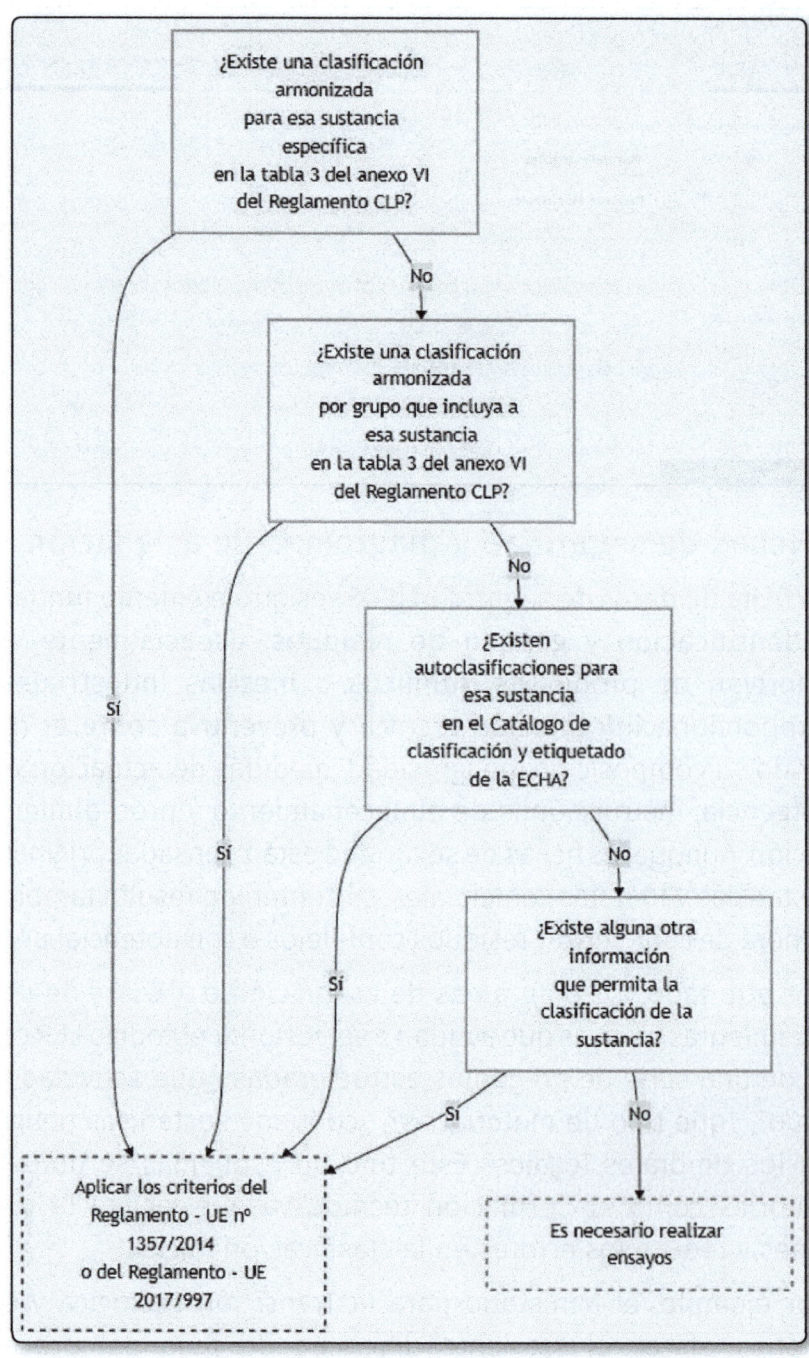

Diagrama obtenido de la guía técnica para la clasificación de los residuos del
Ministerio para la Transición Ecológica y el Reto Demográfico, 2021.

Caso práctico hipotético

Una empresa situada en el polígono industrial Plaza, en Zaragoza, especializada en la fabricación de componentes metálicos para vehículos, genera de forma periódica **un residuo líquido mezcla de aceite usado y restos de disolvente** tras el mantenimiento de maquinaria y limpieza de herramientas.

• **FASE 1.** Caracterización del residuo (parámetros físicos, químicos y biológicos)

El técnico de medio ambiente de la empresa comienza la **caracterización del residuo** observando que se trata de un **líquido aceitoso oscuro**, con olor intenso y una textura densa. Se recogen muestras para enviarse a un **laboratorio homologado**, que analiza los **parámetros físico-químicos** del residuo.

Los resultados indican que contiene una mezcla de **aceite mineral**, **hidrocarburos aromáticos** y restos de **disolvente con compuestos orgánicos volátiles (COVs)**.

El residuo no presenta actividad biológica significativa, pero es **inflamable**, **tóxico por inhalación** y contiene una pequeña proporción de sustancias consideradas **carcinógenas**. Por tanto, **reúne varias características de peligrosidad** (HP3 inflamabilidad, HP6 toxicidad aguda, HP7 cancerígeno).

• **FASE 2.** Asignación del código del Listado Europeo de Residuos (LER)

Con los resultados en la mano, se procede a identificar el código correcto del **Listado Europeo de Residuos**.

Todos los códigos del subgrupo 13 02 están marcados con asterisco (*), lo que indica que se trata de residuos peligrosos, sin necesidad de depender del análisis de peligrosidad para considerarlos como tales.

ASEGRE ⌄   ASOCIADOS   PRODUCTOR DE RESIDUOS ⌄

13 02 Residuos de aceites de motor, de transmisión mecánica y lubricantes.

13 02 04* Aceites minerales clorados de motor, de transmisión mecánica y lubricantes.

13 02 05* Aceites minerales no clorados de motor, de transmisión mecánica y lubricantes.

13 02 06* Aceites sintéticos de motor, de transmisión mecánica y lubricantes.

13 02 07* Aceites fácilmente biodegradables de motor, de transmisión mecánica y lubricantes.

13 02 08* Otros aceites de motor, de transmisión mecánica y lubricantes.

https://asegre.com/ler-listado-europeo-de-residuos-oficial/

Dado que el laboratorio ha confirmado la presencia de sustancias tóxicas y cancerígenas, el residuo **debe clasificarse como peligroso**, y se asigna el código **13 02 05*** (Aceites minerales no clorados de motor, de transmisión mecánica y lubricantes). Esta asignación se documenta en el sistema interno de la empresa y en su registro de producción de residuos.

• **FASE 3. Codificación y etiquetado**

Una vez asignado el código LER, se procede al **etiquetado del recipiente** que contiene el residuo.

El bidón de almacenamiento es de **material homologado**, tiene cierre hermético y está situado en una zona con cubeto de retención. La etiqueta es la siguiente:

Etiqueta de residuo peligroso

Productor: Empresa Componentes Aragón S.L. (NIMA: 5020001234)

Ubicación: Polígono Plaza, Zaragoza

Nombre del residuo: Aceite usado con disolvente

Código LER: 13 02 05*

Características de peligrosidad: HP3 – Inflamable, HP6 – Tóxico agudo, HP14 – Ecotóxico

Fecha de envasado: 02/04/2025

Pictogramas de peligro:

Precauciones: No verter al alcantarillado. Usar EPI. Almacenar en lugar ventilado.

Destino previsto: Reciclajes del Ebro S.A. (Gestor autorizado)

Además, se incorpora la señalización externa en la zona de almacenamiento para garantizar la seguridad del personal y evitar manipulaciones incorrectas.

• **FASE 4.** **Uso de la ficha de seguridad y diagrama de asignación**

Dado que el residuo procede de productos comerciales utilizados en el mantenimiento, el técnico incluye las **fichas de seguridad (FDS)** de los aceites y disolventes empleados, donde figuran los riesgos asociados a cada producto.

Estas fichas permiten confirmar que la mezcla contiene sustancias peligrosas en proporciones que **superan los límites legales**, según la normativa CLP.

Ficha de datos de seguridad - Residuo peligroso

Nombre del residuo: Aceite usado con disolvente

Código LER: 13 02 05*

Descripción del residuo: Mezcla líquida compuesta por aceite mineral usado y restos de disolventes orgánicos, generada durante el mantenimiento de maquinaria industrial.

Propiedades físicas: Líquido aceitoso de color oscuro, viscoso, olor intenso.

Composición química: Aceites minerales (>70%), compuestos orgánicos volátiles (COVs), hidrocarburos aromáticos.

Características de peligrosidad (HP): HP3 – Inflamable, HP6 – Tóxico agudo, HP7 – Cancerígeno, HP14 – Ecotóxico

Riesgos para la salud: Inhalación de vapores tóxicos, contacto prolongado con la piel puede provocar irritación o dermatitis.

Medidas de prevención: Manipular en zona bien ventilada, usar guantes de nitrilo, gafas protectoras y mascarilla con filtro de vapores orgánicos.

Recomendaciones de almacenamiento: Conservar en envases cerrados, resistentes, en zona fresca, ventilada y con cubeto de retención.

Actuación en caso de derrame: Contener el líquido con material absorbente no inflamable. Recoger en envases etiquetados y notificar a gestor autorizado.

Tratamiento final: Entregar a gestor autorizado para su valorización o eliminación mediante tratamiento térmico controlado.

Fecha de emisión: 02/04/2025

Elaborado por: Departamento de Medio Ambiente - Empresa Componentes Aragón S.L.

Paralelamente, se recurre al **diagrama de flujo del proceso de clasificación de un residuo a partir de la clasificación de las sustancias que contiene**.

Gracias a este proceso, el residuo ha sido **debidamente caracterizado como peligroso, etiquetado y codificado** conforme a la legislación, y está listo para su recogida por un gestor autorizado.

Además, la empresa ha documentado el proceso conforme al Real Decreto 553/2020 y podrá acreditar, ante cualquier inspección, que cumple con sus **obligaciones legales y medioambientales**. El residuo se transportará con **Documento de Identificación (DI)** y tratado en una planta especializada para su valorización o eliminación segura.

1.5 PRODUCCIÓN Y COMPOSICIÓN DE RESIDUOS

La **producción y composición de residuos** son aspectos que permiten entender el volumen, la naturaleza y la procedencia de los desechos que se generan a diario en distintos ámbitos. Analizar cómo, cuándo y por qué se producen los residuos no es una cuestión meramente estadística, sino un paso imprescindible para diseñar políticas eficaces de recogida, tratamiento, prevención y valorización. En el marco de una gestión integral, contar con datos actualizados y precisos sobre la generación y tipología de residuos es clave para optimizar recursos, cumplir con la normativa vigente y avanzar hacia modelos más sostenibles.

La **producción de residuos** hace referencia a la cantidad de residuos generados en un lugar determinado durante un periodo concreto. Esta cantidad varía enormemente según el tipo de actividad, el contexto geográfico, el nivel de consumo y factores sociales o económicos.

Por otro lado, la **composición de los residuos** permite identificar qué tipos de materiales los conforman y en qué proporción. Esta información es básica para establecer el tratamiento adecuado, ya que cada fracción requiere una gestión específica. Un residuo orgánico puede aprovecharse mediante compostaje o digestión anaerobia, mientras que un envase de plástico necesita procesos de separación y reciclado mecánico. La presencia de sustancias químicas, materiales peligrosos o mezclas contaminadas obliga a adoptar medidas de seguridad, cumplir con protocolos y utilizar instalaciones especializadas. Cuanto más precisa sea la información sobre los componentes de un residuo, mayores serán las posibilidades de valorización y menor el riesgo de daño al entorno.

En el caso de los **residuos urbanos**, predominan los restos orgánicos procedentes de alimentos y jardines, seguidos por envases de plástico, latas, papel, cartón, vidrio y textiles. En el ámbito **industrial**, la composición es mucho más heterogénea. Pueden encontrarse residuos metálicos, plásticos técnicos, productos químicos, aguas de proceso, lodos, aceites, pinturas o disolventes. Su composición depende de la actividad concreta de la empresa y del proceso que origine los residuos. En el medio **agrario y ganadero**, los residuos más frecuentes son los restos vegetales, estiércoles, purines, envases de fertilizantes y fitosanitarios, plásticos de invernadero y subproductos animales no destinados al consumo humano.

Para conocer la composición de un flujo de residuos se realizan **muestreos y caracterizaciones**. En el caso de los residuos municipales, por ejemplo, se recogen muestras de distintas fracciones durante varias semanas, se separan manualmente por tipos de material (papel, metal, plástico, vidrio, orgánico, etc.) y se pesa cada fracción por separado. En entornos industriales o sanitarios, se recurre a análisis más específicos, que pueden incluir pruebas físico-químicas, determinación de sustancias peligrosas y estudio de mezclas complejas. Estos datos se utilizan tanto para cumplir con los requisitos normativos como para tomar decisiones operativas, como modificar rutas de recogida, rediseñar los puntos de almacenamiento o evaluar la viabilidad económica de un proceso de valorización.

La producción y la composición de residuos no se mantienen constantes con el tiempo. Cambian en función de las políticas públicas, los avances tecnológicos, las campañas de sensibilización ciudadana, los hábitos de consumo y la evolución de los mercados. Por ejemplo, el aumento del comercio electrónico ha provocado un incremento notable de residuos de cartón y embalajes. Del mismo modo, la prohibición de determinados productos de plástico de un solo uso ha reducido la presencia de ciertos materiales en la fracción resto, pero ha incrementado la demanda de alternativas biodegradables cuya gestión aún plantea desafíos.

Por todo esto, contar con un diagnóstico preciso y actualizado de la producción y composición de residuos permite planificar mejor, anticiparse a problemas y diseñar estrategias eficaces de prevención, recogida selectiva, reciclaje y tratamiento. Además, aporta una base técnica imprescindible para cumplir con los objetivos marcados por la legislación europea, como el Plan de Acción para la Economía Circular o las directivas sobre residuos municipales y envases. Gestionar bien empieza por conocer bien. Y eso implica medir, analizar y comprender qué residuos se generan, con qué características y en qué contextos. Solo así se puede avanzar hacia un modelo de consumo y producción más responsable, eficiente y coherente con los retos ambientales del presente.

Sabías que...

A la hora de analizar la gestión de residuos en España, resulta especialmente útil observar los datos desde una perspectiva territorial. La **cantidad per cápita de residuos recogidos por comunidades autónomas**, medida en **kilogramos por habitante y año**, ofrece una visión clara sobre los hábitos de generación de residuos, la eficacia de los sistemas de recogida y las diferencias entre regiones en función de su estructura demográfica, actividad económica o desarrollo urbano. A través de las siguientes tablas, se puede identificar qué comunidades presentan mayores índices de generación, qué tipos de residuos predominan en cada territorio y cómo varía esta cifra a lo largo del tiempo. Esta información permite comparar realidades regionales y también evaluar la eficacia de las políticas públicas y las estrategias de prevención implantadas a nivel autonómico.

Los datos que se presentan a continuación se han obtenido del **Instituto Nacional de Estadística (INE)**, que publica anualmente esta información en el marco de sus estadísticas medioambientales.

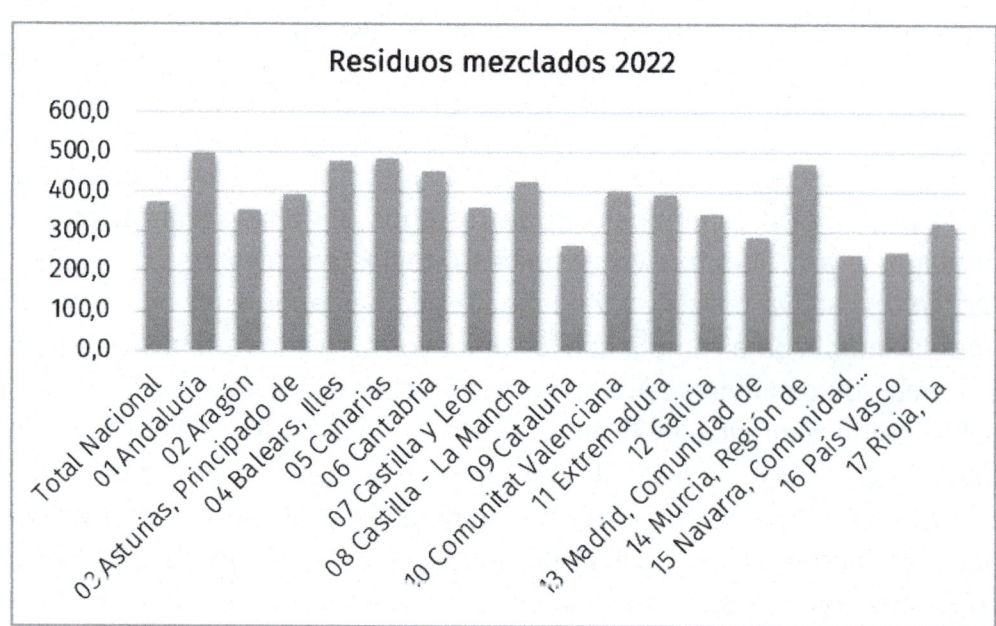

	Residuos mezclados			
	2022	2021	2020	2019
Total Nacional	373,9	375,7	366,0	368,0
01 Andalucía	496,3	494,8	469,9	445,6
02 Aragón	354,4	361,9	355,8	370,9
03 Asturias, Principado de	394,4	399,8	376,8	379,4
04 Balears, Illes	478,5	448,1	440,3	574,4
05 Canarias	485,6	469,3	449,6	495,5
06 Cantabria	451,8	507,0	464,0	475,7
07 Castilla y León	362,5	390,7	381,7	385,6
08 Castilla–La Mancha	427,3	399,2	422,6	404,4
09 Cataluña	267,2	279,1	287,3	304,6
10 Comunitat Valenciana	403,0	401,8	399,5	420,1
11 Extremadura	395,4	422,6	418,1	404,9
12 Galicia	346,5	357,0	348,6	366,1
13 Madrid, Comunidad de	288,2	270,8	269,1	293,3
14 Murcia, Región de	470,7	494,5	463,6	448,2
15 Navarra, Comunidad Foral de	244,6	279,0	265,9	270,2
16 País Vasco	250,8	257,2	205,0	229,3
17 Rioja, La	324,9	330,5	338,0	344,9
Ceuta y Melilla	...	...	...	...

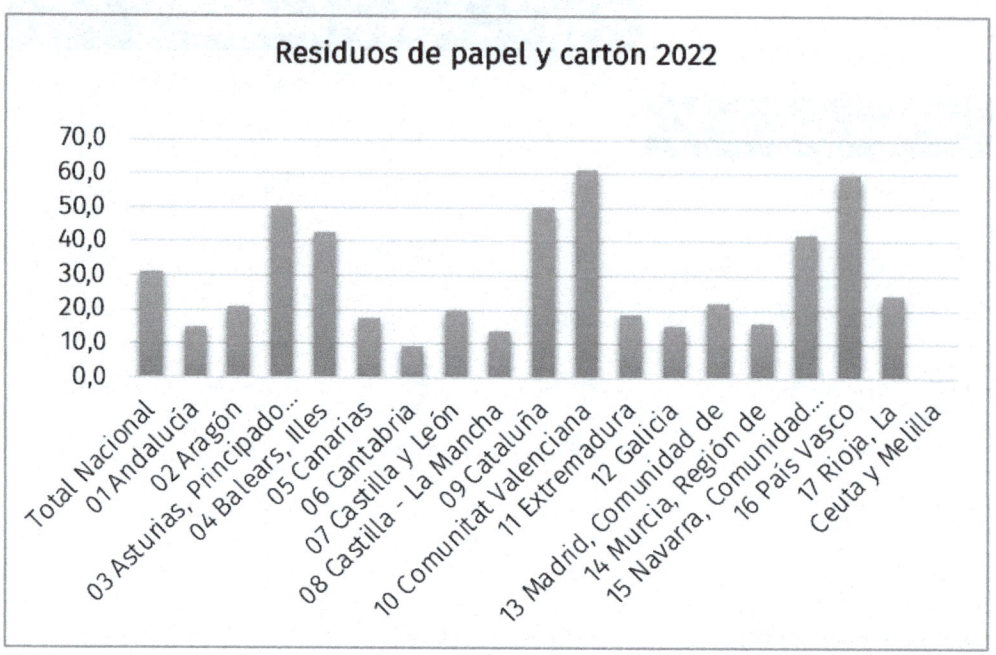

	Residuos de papel y cartón			
	2022	2021	2020	2019
Total Nacional	31,3	31,8	28,3	27,3
01 Andalucía	14,9	14,6	14,8	14,4
02 Aragón	21,1	22,0	36,2	21,5
03 Asturias, Principado de	50,2	43,6	40,0	41,7
04 Balears, Illes	42,8	39,1	31,2	42,1
05 Canarias	17,6	15,5	42,6	22,4
06 Cantabria	9,5	10,3	9,7	9,8
07 Castilla y León	19,8	20,2	20,2	20,1
08 Castilla–La Mancha	13,9	14,2	11,5	14,7
09 Cataluña	50,3	53,4	53,2	52,9

10 Comunitat Valenciana	61,1	60,8	15,9	15,7
11 Extremadura	18,6	22,9	27,4	29,7
12 Galicia	15,2	14,9	15,2	15,2
13 Madrid, Comunidad de	22,0	21,6	21,4	21,0
14 Murcia, Región de	16,2	22,2	17,4	15,8
15 Navarra, Comunidad Foral de	42,1	42,2	41,0	40,1
16 País Vasco	59,6	63,3	66,4	69,7
17 Rioja, La	24,3	25,5	25,5	26,5
Ceuta y Melilla				

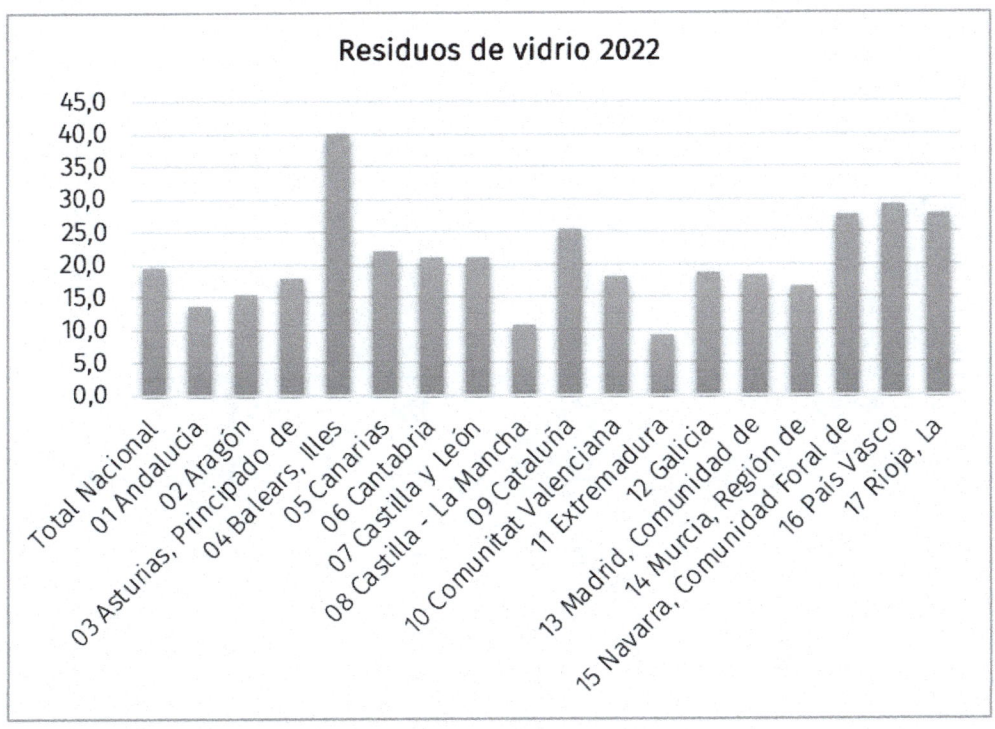

	Residuos de vidrio			
	2022	2021	2020	2019
Total Nacional	19,6	18,6	17,5	19,2
01 Andalucía	13,6	12,9	12,3	12,9
02 Aragón	15,4	15,4	15,6	15,5
03 Asturias, Principado de	18,0	17,6	17,0	17,1
04 Balears, Illes	40,2	33,2	25,0	36,8
05 Canarias	22,0	16,7	16,2	20,5
06 Cantabria	21,1	20,4	19,1	21,3
07 Castilla y León	21,2	20,9	19,6	21,2
08 Castilla–La Mancha	10,8	11,3	7,7	12,3
09 Cataluña	25,5	24,5	23,7	26,5
10 Comunitat Valenciana	18,1	16,9	16,5	17,8
11 Extremadura	9,1	8,8	8,7	8,9
12 Galicia	18,8	17,9	17,3	17,9
13 Madrid, Comunidad de	18,4	18,2	17,2	17,2
14 Murcia, Región de	16,6	17,4	17,1	17,9
15 Navarra, Comunidad Foral de	27,5	26,5	24,6	26,5
16 País Vasco	29,1	28,3	26,4	28,8
17 Rioja, La	27,8	27,0	26,3	28,9
Ceuta y Melilla				

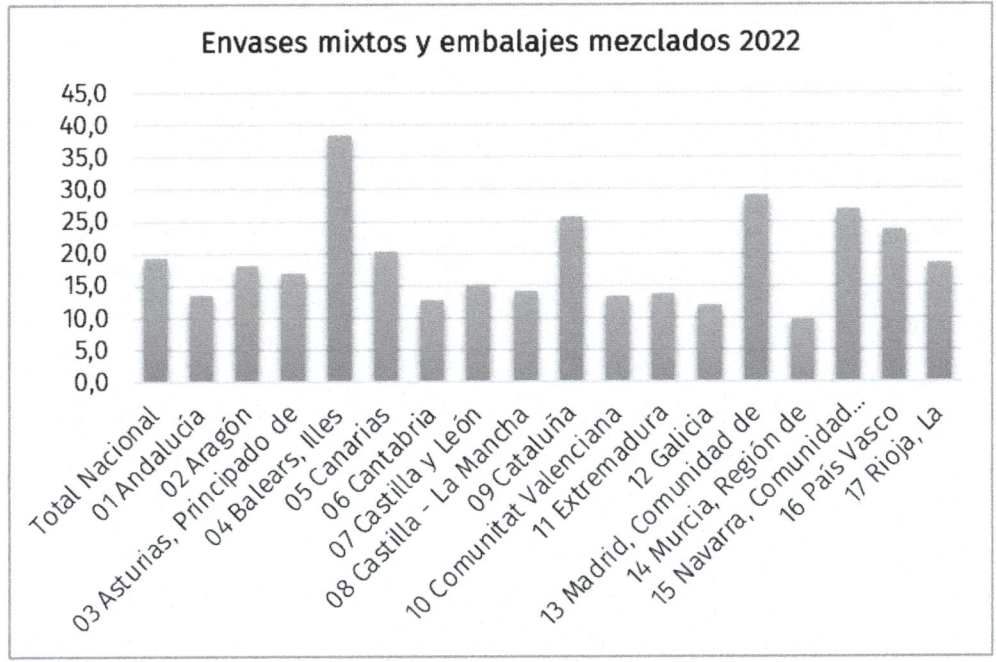

	Envases mixtos y embalajes mezclados			
	2022	**2021**	**2020**	**2019**
Total Nacional	19,4	18,8	18,8	17,6
01 Andalucía	13,5	13,4	13,3	12,3
02 Aragón	18,2	18,1	16,0	16,5
03 Asturias, Principado de	16,9	16,5	15,9	14,1
04 Balears, Illes	38,4	34,9	28,5	32,9
05 Canarias	20,4	13,4	16,5	12,9
06 Cantabria	12,8	12,7	12,9	11,7
07 Castilla y León	15,1	13,6	13,3	12,0
08 Castilla–La Mancha	14,1	14,2	14,1	12,2
09 Cataluña	25,7	24,7	23,9	24,1

10 Comunitat Valenciana	13,4	14,5	14,0	12,3
11 Extremadura	13,7	14,2	14,5	13,0
12 Galicia	12,0	12,2	12,0	10,6
13 Madrid, Comunidad de	29,0	27,5	27,9	26,1
14 Murcia, Región de	9,8	13,9	15,4	13,8
15 Navarra, Comunidad Foral de	26,9	24,4	36,9	32,6
16 País Vasco	23,7	24,3	24,2	22,7
17 Rioja, La	18,6	19,7	20,1	18,6
Ceuta y Melilla				

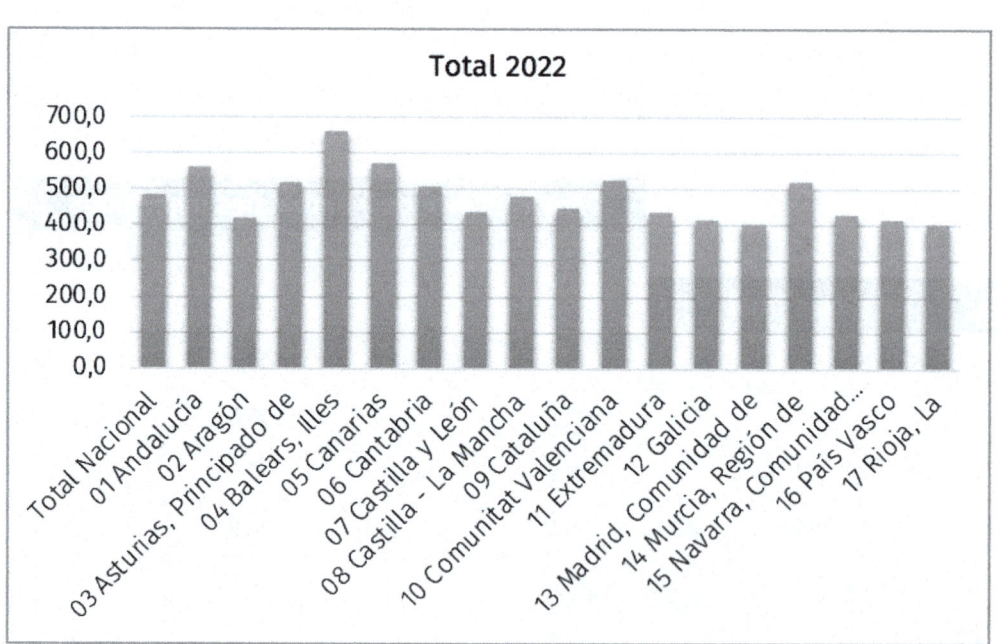

	Total			
	2022	**2021**	**2020**	**2019**
Total Nacional	482,0	482,7	463,2	472,3
01 Andalucía	560,2	555,8	527,5	500,4
02 Aragón	421,0	432,6	432,7	434,4
03 Asturias, Principado de	518,2	518,6	480,0	485,1
04 Balears, Illes	662,1	608,2	573,3	739,1
05 Canarias	573,4	543,6	545,4	571,4
06 Cantabria	509,9	562,9	517,0	531,3
07 Castilla y León	435,3	454,7	446,5	446,9
08 Castilla–La Mancha	479,8	450,6	461,1	454,9
09 Cataluña	447,7	457,4	464,2	482,1
10 Comunitat Valenciana	524,4	529,0	476,9	487,3
11 Extremadura	437,5	469,6	469,7	458,3
12 Galicia	416,9	427,9	414,2	432,9
13 Madrid, Comunidad de	406,5	391,6	376,4	395,0
14 Murcia, Región de	521,5	559,4	515,6	507,2
15 Navarra, Comunidad Foral de	431,4	451,7	447,2	448,9
16 País Vasco	414,8	425,1	354,1	384,4
17 Rioja, La	403,7	411,8	414,6	421,7
Ceuta y Melilla				

Comunidades autónomas como Illes Balears, Canarias y Andalucía presentan los valores más elevados de generación total de residuos por habitante, especialmente en el año 2022. Estos datos podrían vincularse al peso del turismo en sus economías, que incrementa notablemente la generación de residuos durante los meses de temporada alta. En contraste, comunidades como La Rioja, Madrid, Navarra o el País Vasco reflejan cifras más contenidas, lo que puede estar relacionada con sistemas más consolidados de recogida selectiva, hábitos de consumo diferentes o estrategias más eficientes de prevención. Además, se observa cierta estabilidad en los datos nacionales en los últimos años, con una ligera oscilación que refleja el impacto temporal de factores como la pandemia o cambios en el consumo.

Si se desglosa la información por tipo de residuo, se aprecia que los **residuos mezclados continúan siendo el grupo mayoritario**, lo cual evidencia que aún queda mucho margen para mejorar en la separación en origen y la recogida selectiva. Comunidades como Cataluña, Navarra o el País Vasco destacan por tener menores cifras en esta fracción y mayores porcentajes en residuos reciclables como papel-cartón o vidrio, lo que sugiere una mayor implicación ciudadana y un sistema de gestión más avanzado. Illes Balears presenta valores extraordinariamente altos en residuos de vidrio y envases, lo que también se puede atribuir al consumo vinculado al turismo. Por último, cabe resaltar la evolución positiva en algunas regiones en cuanto a la recogida de envases y materiales reciclables, lo que indica que **las políticas autonómicas de educación ambiental y mejora de infraestructuras de recogida selectiva están comenzando a dar resultados visibles**. Esta diversidad territorial subraya la necesidad de adaptar las estrategias de gestión a la realidad concreta de cada comunidad para seguir avanzando hacia una economía más circular y sostenible.

Recurso

1. Instituto Nacional de Estadística (INE)

   - Publicación consultada: *encuesta sobre la recogida y tratamiento de residuos. Año 2021.*

   - Dato incluido: más de 22 millones de toneladas de residuos urbanos generados en España.

   - Enlace: *https://www.ine.es* → Estadísticas medioambientales → Residuos.

2. Ministerio para la Transición Ecológica y el Reto Demográfico (MITECO)

   - Documentos técnicos y guías publicados en su web oficial, especialmente los relacionados con la composición y caracterización de residuos municipales y sectoriales.

   - Información sobre composición tipo de residuos urbanos (fracción orgánica, envases, papel, vidrio...).

3. Eurostat (Oficina Estadística de la Unión Europea)

   - Comparativas internacionales sobre generación de residuos per cápita, composición por países y evolución temporal.

   - Datos de residuos urbanos en España: alrededor de 476 kg por habitante y año en los últimos informes.

4. Otras fuentes técnicas complementarias

   - Informes de Ecoembes, SIGRE, Oficinas de medio ambiente autonómicas y planes municipales de gestión de residuos, que ofrecen detalles sobre composición media, tasas de generación y residuos específicos por tipo de actividad.

1.6 IMPACTO AMBIENTAL DE LOS RESIDUOS

El **impacto ambiental de los residuos** es una de las principales preocupaciones en la gestión actual de los desechos. Cada residuo, dependiendo de su tipo, cantidad y forma de tratamiento (o ausencia del mismo), tiene la capacidad de afectar directa o indirectamente al medio natural. Esta afectación se percibe en términos visibles como la acumulación de basura o los vertederos saturados, y, también en procesos menos evidentes pero igualmente dañinos, como la contaminación del aire, del agua o del suelo. La forma en que los residuos se manejan, almacenan o eliminan determina en gran medida la magnitud y el alcance de estos impactos, que pueden extenderse más allá del lugar de generación e influir en ecosistemas completos.

1.6.1 Vectores ambientales afectados

Uno de los primeros aspectos que se analizan al hablar del impacto ambiental de los residuos es el de los **vectores ambientales afectados**. Se entiende por vectores aquellos elementos del entorno que actúan como canales a través de los cuales se transmite la contaminación. Los principales vectores son el **agua**, el **aire**, el **suelo**, la **fauna**, la **flora** y, por supuesto, la **salud humana**. En el caso del agua, los residuos mal gestionados pueden generar **lixiviados**, es decir, líquidos altamente contaminantes que se filtran desde los vertederos y acaban alcanzando acuíferos o ríos. Estos lixiviados pueden contener metales pesados, compuestos orgánicos tóxicos, patógenos o microplásticos, y su presencia pone en peligro tanto los ecosistemas acuáticos como los recursos hídricos destinados al consumo humano.

En cuanto al **aire**, muchos residuos liberan sustancias nocivas cuando se descomponen o son incinerados. La emisión de gases como el **metano (CH_4)** o el **dióxido de carbono (CO_2)** contribuyen al cambio climático, mientras que la liberación de compuestos orgánicos volátiles, dioxinas, furanos o partículas en suspensión puede afectar gravemente a la calidad del aire que se respira, sobre todo en zonas densamente pobladas o próximas a instalaciones de tratamiento inadecuado. Por su parte, el **suelo** también sufre consecuencias importantes, ya que la acumulación de residuos sin control, el uso de escombreras ilegales o los vertidos industriales pueden alterar su estructura, reducir su fertilidad y contaminarlo durante décadas, afectando a la producción agrícola y a la biodiversidad del entorno.

Los **ecosistemas naturales** también se ven afectados por los residuos a través de múltiples vías. Los residuos plásticos, por ejemplo, acaban en ríos y mares, donde son ingeridos por peces, aves y otros animales marinos, que los confunden con alimento. Esto provoca la muerte de especies, y, altera cadenas tróficas completas. A su vez, la fauna terrestre puede verse atraída por vertederos y zonas contaminadas, generando cambios en sus hábitos, desplazamientos forzados o exposición a productos tóxicos. Incluso la vegetación se resiente cuando los suelos están contaminados por metales pesados, hidrocarburos o productos químicos, lo que afecta al desarrollo de cultivos, masas forestales y espacios verdes urbanos.

Residuo	Vector ambiental afectado	Tipo de afectación
Aceites usados	Suelo	Contaminación persistente e impermeabilización del terreno
Aceites usados	Agua	Contaminación de acuíferos y alteración de ecosistemas acuáticos
Residuos sanitarios	Aire	Emisión de patógenos en incineración sin control
Residuos sanitarios	Salud humana	Riesgo biológico para operarios y población
Plásticos	Fauna	Ingestión accidental y enredos mortales
Plásticos	Agua	Acumulación de microplásticos en ríos y mares
Baterías	Suelo	Liberación de metales pesados como plomo o cadmio
Baterías	Agua	Contaminación por lixiviados tóxicos
Medicamentos caducados	Agua	Alteración hormonal de fauna acuática
RAEE	Suelo	Acumulación de contaminantes persistentes
RAEE	Aire	Emisión de dioxinas si se queman sin control
Disolventes químicos	Aire	Liberación de compuestos orgánicos volátiles (COVs)
Disolventes químicos	Salud humana	Inhalación tóxica en espacios cerrados
Pilas	Agua	Contaminación por mercurio y otros metales
Residuos orgánicos	Aire	Emisión de metano y olores

Residuos orgánicos	Fauna	Proliferación de vectores como ratas o moscas
Envases fitosanitarios	Suelo	Toxicidad para microorganismos beneficiosos
Envases fitosanitarios	Agua	Eutrofización y muerte de organismos acuáticos
Neumáticos	Aire	Liberación de partículas tóxicas al quemarse
Neumáticos	Agua	Contaminación por compuestos derivados del caucho
Residuos textiles	Agua	Liberación de microfibras sintéticas
Pinturas	Aire	Volatilización de disolventes
Pinturas	Suelo	Alteración química en vertidos
Aerosoles	Aire	Contribución al efecto invernadero y ozono troposférico
Lodos industriales	Suelo	Acumulación de contaminantes orgánicos e inorgánicos
Lodos industriales	Agua	Filtración de metales pesados hacia aguas subterráneas
Residuos de curtiduría	Agua	Presencia de cromo hexavalente
Cenizas volantes	Aire	Dispersión de partículas finas respirables
Escorias	Suelo	Alteración de pH y liberación de sales
Vidrio contaminado	Fauna	Cortes y lesiones en animales
Fertilizantes químicos	Agua	Lixiviación de nitratos y fosfatos

1.6.2 Riesgos ambientales asociados

Por otro lado, es importante considerar los **riesgos ambientales asociados** a la gestión deficiente de los residuos. Estos riesgos pueden ser **inmediatos o a largo plazo, localizados o extendidos, visibles o invisibles**, pero todos tienen algo en común: generan desequilibrios que impactan negativamente sobre el entorno. Uno de los más conocidos es el riesgo de **incendios** en vertederos no controlados, que pueden liberar humos tóxicos y poner en peligro a poblaciones cercanas. Otro riesgo común es el de **explosiones o fugas de gases**, especialmente en instalaciones mal ventiladas o sin sistemas de control. En entornos urbanos, la **proliferación de vectores biológicos** como roedores o insectos en zonas con acumulación de basura puede desencadenar problemas sanitarios o epidemias.

En los casos en que los residuos contienen sustancias peligrosas —como productos químicos industriales, medicamentos caducados, pilas, aceites usados o aparatos electrónicos— el riesgo ambiental se multiplica. Estos residuos pueden liberar **sustancias persistentes, bioacumulativas y tóxicas (PBT)**, que permanecen en el entorno durante años y pueden acumularse en los tejidos de los seres vivos. Su efecto puede no ser inmediato, pero a medio y largo plazo generan impactos en la salud de la fauna y la flora, y en muchos casos llegan hasta el ser humano a través de la cadena alimentaria. También deben tenerse en cuenta los efectos **sinérgicos** de la mezcla de residuos, ya que combinar residuos compatibles entre sí puede generar nuevas sustancias no previstas inicialmente y con potencial contaminante elevado.

Además de los efectos físicos o químicos, los residuos mal gestionados tienen un impacto **visual, social y económico**. Vertederos incontrolados o acumulaciones de residuos en espacios públicos degradan el paisaje, reducen el valor del entorno, generan malestar social e incrementan los costes de limpieza o reparación. En zonas agrícolas o turísticas, estos impactos pueden suponer una pérdida significativa de competitividad y reputación.

Residuo	Riesgo ambiental
Aceites usados	Contaminación del suelo y del agua por hidrocarburos
Residuos sanitarios	Propagación de enfermedades infecciosas
Plásticos	Ingestión por fauna marina y liberación de microplásticos
Baterías	Filtración de metales pesados al agua subterránea
RAEE	Emisión de compuestos tóxicos y contaminación por metales pesados
Envases contaminados	Liberación de residuos peligrosos al entorno
Medicamentos caducados	Alteración de microorganismos acuáticos
Pilas alcalinas	Liberación de mercurio y cadmio en suelos
Disolventes químicos	Evaporación de COV y riesgo de explosión
Tóner y cartuchos de tinta	Contaminación por metales pesados y pigmentos artificiales
Lodos industriales	Contaminación por metales pesados y carga orgánica
Residuos de construcción	Acumulación de escombros e impacto paisajístico

Residuo	Riesgo ambiental
Fibrocemento con amianto	Riesgo de enfermedades respiratorias por fibras
Residuos orgánicos no tratados	Generación de metano y lixiviados
Pinturas y barnices	Volatilización de disolventes y contaminación del aire
Residuos textiles	Liberación de microfibras y tinte sintético
Neumáticos fuera de uso	Riesgo de incendios y proliferación de mosquitos
Residuos agrícolas	Contaminación por fertilizantes y plaguicidas
Purines	Eutrofización de aguas y malos olores
Fertilizantes químicos	Alteración del equilibrio del suelo y lixiviación de nitratos
Residuos forestales	Riesgo de incendios y alteración de hábitats
Papel plastificado	Difícil reciclaje y acumulación en vertederos
Vidrio contaminado	Dificultad para su reciclaje y riesgo de cortes
Envases de productos fitosanitarios	Contaminación de suelos agrícolas
Aerosoles	Emisión de gases de efecto invernadero y riesgo de explosión
Líquidos inflamables	Riesgo de incendios y contaminación del aire
Residuos de curtiduría	Liberación de cromo y compuestos orgánicos volátiles
Lodos de depuradora	Presencia de contaminantes emergentes
Cenizas volantes	Liberación de partículas finas y metales
Escorias de incineración	Contaminación de suelos y lixiviación tóxica

La prevención del impacto ambiental de los residuos requiere una planificación adecuada, el cumplimiento de la legislación vigente, la participación activa de la ciudadanía y la adopción de tecnologías limpias y seguras.

2

Marco normativo y legislación aplicada

Se expone el conjunto normativo que regula la gestión de residuos, desde la legislación internacional hasta las competencias autonómicas y locales. El capítulo detalla las obligaciones legales, el régimen sancionador y los procedimientos administrativos que deben cumplir los distintos actores implicados en la cadena de gestión.

2.1 INTRODUCCIÓN AL DERECHO DE LOS RESIDUOS

El **derecho de los residuos** constituye una disciplina jurídica especializada que regula todo lo relacionado con los residuos desde que se generan hasta que reciben su tratamiento final o son valorizados. Este cuerpo normativo busca **garantizar una gestión ambientalmente segura**, económicamente eficiente y socialmente justa de los residuos, estableciendo los principios, obligaciones y responsabilidades de los distintos agentes que intervienen en el proceso. La regulación abarca desde las actividades más básicas, como la separación y recogida, hasta aspectos complejos como los traslados transfronterizos, la responsabilidad del productor o la vigilancia sobre suelos contaminados.

Este marco legal no ha surgido de forma improvisada, sino como respuesta a una preocupación creciente por el impacto que los residuos mal gestionados tienen sobre el medio ambiente y la salud pública.

Durante décadas, en muchos países —incluido España— los residuos se acumulaban en vertederos sin control, se quemaban a cielo abierto o se vertían en cauces de agua sin tratamiento previo. Estas prácticas han dado lugar a problemas de contaminación crónica, degradación de ecosistemas y conflictos sociales. La consolidación del derecho de los residuos ha sido, por tanto, el resultado de un proceso de aprendizaje colectivo, reforzado por el avance científico, la presión social y la necesidad de cumplir con estándares internacionales.

En el contexto europeo, este cuerpo normativo encuentra su base en la **Directiva Marco de Residuos (2008/98/CE)**, que establece los principios rectores para todos los Estados miembros de la Unión. Entre ellos destaca la **jerarquía de gestión de residuos**, un criterio técnico y político que prioriza, en primer lugar, la prevención de la generación; en segundo lugar, la preparación para la reutilización; a continuación, el reciclado; seguido de otras formas de valorización, incluida la energética; y por último, la eliminación como opción final. Esta jerarquía no se plantea como un consejo, sino como un mandato que debe guiar la legislación nacional, las políticas públicas y la toma de decisiones tanto en la esfera administrativa como empresarial.

En España, la **Ley 7/2022, de residuos y suelos contaminados para una economía circular**, es actualmente la norma de referencia en esta materia. Esta ley ha sustituido a la anterior Ley 22/2011 y supone una actualización profunda, tanto en términos jurídicos como conceptuales. Incorpora los objetivos del Pacto Verde Europeo y del Plan de Acción para la Economía Circular, impulsando nuevas herramientas de control, trazabilidad, planificación y fiscalidad ambiental. Por ejemplo, se establece un impuesto estatal sobre el vertido y la incineración, se refuerzan los mecanismos de responsabilidad ampliada del productor y se introducen nuevos requisitos para la recogida separada de fracciones como los biorresiduos, los textiles o los residuos domésticos peligrosos. Además, la ley regula con más precisión los suelos contaminados, exige una planificación autonómica y municipal más clara, e incorpora medidas para fomentar la compra pública verde y la sensibilización ciudadana.

Uno de los ejes del derecho de los residuos es la **definición y reparto de responsabilidades**. Cada actor dentro del sistema tiene un papel específico: el **productor del residuo** debe gestionarlo adecuadamente desde el origen, asegurando su correcta clasificación, almacenamiento y entrega a un gestor autorizado. El **gestor de residuos**, por su parte, está obligado a tratar los residuos conforme a las técnicas aprobadas, con medios seguros, documentando el proceso y cumpliendo con las condiciones establecidas en su autorización administrativa. Los **transportistas** deben garantizar que los residuos no se pierdan, se mezclen o causen daños durante su traslado. Las **administraciones públicas** son responsables de aprobar y aplicar la normativa, supervisar su cumplimiento, actuar ante situaciones de riesgo y fomentar estrategias más sostenibles a largo plazo.

Para que este engranaje funcione, el sistema legal incluye herramientas jurídicas y administrativas como **las autorizaciones y comunicaciones previas, los registros oficiales de producción y gestión, los documentos de identificación (DI)** y **las notificaciones de traslado**. Además, se utilizan **instrumentos telemáticos** como la plataforma eSIR o los sistemas autonómicos de seguimiento, que permiten consultar y compartir información entre los distintos niveles de la administración y los agentes económicos. Esta digitalización mejora la transparencia, reduce errores y facilita la trazabilidad, especialmente cuando se trata de residuos peligrosos o de traslados internacionales.

Además del componente preventivo y organizativo, el derecho de los residuos contempla un **régimen sancionador riguroso** que persigue comportamientos contrarios a la normativa. El abandono de residuos en espacios públicos, el vertido ilegal, la mezcla indebida de fracciones peligrosas o la falta de documentación obligatoria son conductas que pueden dar lugar a **infracciones administrativas graves o muy graves**, sancionadas con multas económicas, inhabilitaciones o incluso, en algunos casos, con responsabilidades penales. Esta dimensión coercitiva no tiene un carácter punitivo como fin en sí mismo, sino que busca garantizar que los residuos sean gestionados con rigor, seguridad y conforme al interés general.

El derecho de los residuos también tiene una dimensión **proactiva**, ya que impulsa la transición hacia modelos de producción más sostenibles, con menor generación de residuos y mayor aprovechamiento de los recursos. En este sentido, se fomenta la aplicación del **principio de economía circular**, que, como sabemos, busca que los productos, materiales y componentes permanezcan en uso durante el mayor tiempo posible. Para ello, la legislación introduce obligaciones específicas para sectores como el textil, los aparatos eléctricos y electrónicos, los plásticos de un solo uso o los envases, creando sistemas de **responsabilidad ampliada del productor** que financian y organizan la recogida y el reciclaje de estos productos al final de su vida útil.

Recurso

A continuación, se expone una tabla con las principales medidas de las normativas que se verán en el capítulo:

Normativa	Nivel	Medidas principales
Convenio de Basilea (1989)	Internacional	Consentimiento informado previo; Prohibición de exportación sin capacidad técnica; Gestión ambientalmente racional; Reducción de residuos peligrosos.
Convenio de Estocolmo (2001)	Internacional	Eliminación progresiva de COPs; Inventarios obligatorios; Tratamiento diferenciado; Modernización de instalaciones.
Convenio de Rotterdam	Internacional	Sistema PIC para químicos peligrosos; Control de transacciones internacionales; Información y evaluación de riesgos.
Directiva 2008/98/CE	Europeo	Jerarquía de residuos; Recogida separada de papel, metal, vidrio y plástico; Responsabilidad ampliada del productor; Planes de gestión y prevención.

Normativa	Nivel	Medidas principales
Directiva 94/62/CE	Europeo	Objetivos de reciclado de envases; Recogida selectiva; Diseño ecológico de envases.
Directiva 2012/19/UE	Europeo	Recogida y descontaminación de RAEE; Financiación por parte del productor; Tratamiento especializado.
Directiva 2006/66/CE	Europeo	Prohibición de mercurio/cadmio; Recogida obligatoria; Responsabilidad del fabricante.
Directiva 86/278/CEE	Europeo	Regulación de uso agrícola de lodos; Control de metales pesados; Análisis obligatorio de suelos y lodos.
Reglamento (CE) 1013/2006	Europeo	Regulación de traslados de residuos; Notificación y permisos; Documento de Identificación obligatorio.
Plan de Acción Economía Circular (2020)	Europeo	Prohibición de plásticos de un solo uso; Impulso del ecodiseño; Objetivos de reciclaje; Promoción de modelos circulares.
Ley 7/2022 (España)	Estatal	Impuesto sobre vertido/incineración; Recogida separada de textiles, biorresiduos, aceites y peligrosos domésticos; Sistema de responsabilidad ampliada del productor; Registro estatal; Objetivos de reciclaje; Régimen sancionador.

2.2 NORMATIVA INTERNACIONAL: CONVENIOS Y DIRECTIVAS

La regulación de los residuos a nivel internacional parte del reconocimiento de que **los problemas ambientales no entienden de fronteras**. Muchos residuos, especialmente los peligrosos, se trasladan entre países, circulan a través de rutas comerciales y pueden afectar a ecosistemas compartidos. Por eso, desde hace décadas, se han promovido **acuerdos multilaterales** para evitar los impactos más graves y establecer un marco común que proteja la salud humana y el medio ambiente. España, como miembro activo de la comunidad internacional, es parte de varios de estos convenios.

Convenios Internacionales sobre Residuos

Convenio de Basilea (1989)

Regula los movimientos transfronterizos de residuos peligrosos.

España lo ratificó en 1994.

Convenio de Estocolmo (2001)

Orienta la eliminación o restricción de contaminantes orgánicos persistentes (COPs).

Exige una gestión técnica adecuada de estos residuos.

Convenio de Rotterdam

Regula el consentimiento fundamentado previo (PIC) en el comercio internacional de productos químicos peligrosos.

Uno de los tratados más relevantes es el **Convenio de Basilea**, adoptado en 1989 bajo el auspicio del Programa de las Naciones Unidas para el Medio Ambiente (PNUMA). Este acuerdo regula los **movimientos transfronterizos de residuos peligrosos y su eliminación**, estableciendo una serie de principios básicos: el consentimiento informado previo entre países, la prohibición de exportar residuos a Estados que no cuenten con capacidad técnica para gestionarlos, y la obligación de gestionar los residuos de forma ambientalmente racional. El convenio también impulsa la reducción de la generación de residuos peligrosos y la minimización de sus efectos sobre el entorno. España ratificó el convenio en 1994, lo que lo incorpora a su legislación como norma internacional de obligado cumplimiento.

ⓘ **RECURSO**

Acceso al "Convenio de Basilea sobre el control de los movimientos transfronterizos de los desechos peligrosos y su eliminación": *https:// eur-lex.europa.eu/ES/legal-content/summary/basel-convention-on-the-control-of-transboundary-movements-of-hazardous-wastes-and-their-disposal.html*

Otro acuerdo de gran importancia es el **Convenio de Estocolmo sobre contaminantes orgánicos persistentes (COPs)**, aprobado en 2001. Este tratado se centra en una lista de sustancias químicas peligrosas —como los PCB, las dioxinas o los pesticidas prohibidos— que, al encontrarse en determinados residuos, pueden representar un riesgo grave para la salud y el medio ambiente. El convenio exige su eliminación progresiva o, en algunos casos, su restricción estricta. La correcta identificación y tratamiento de los residuos que contienen estos compuestos es una obligación directa para los Estados firmantes, y su cumplimiento ha impulsado la actualización técnica de muchas plantas de tratamiento y vertederos.

También se debe mencionar el **Convenio de Rotterdam**, que regula el procedimiento de consentimiento fundamentado previo (PIC) para ciertos productos químicos y pesticidas peligrosos que pueden estar presentes en residuos industriales o agrícolas. Aunque está más orientado al comercio internacional de productos que de residuos, sus implicaciones en la gestión de estos últimos son notables, especialmente en cuanto al control de sustancias peligrosas y la transparencia en las transacciones internacionales.

2.3 NORMATIVA EUROPEA: REGLAMENTOS Y ESTRATEGIAS

La **Unión Europea** ha sido históricamente uno de los motores más activos en el desarrollo de una legislación ambiental avanzada, especialmente en el ámbito de los residuos. El objetivo principal es garantizar una **gestión coherente y eficaz de los residuos en todos los Estados miembros**, estableciendo normas comunes que armonicen criterios, definiciones, objetivos y procedimientos, al tiempo que se respetan las competencias nacionales.

Normativa Europea sobre Residuos

Directiva Marco 2008/98/CE

Define conceptos clave y principios como la jerarquía de residuos.

Directivas Sectoriales

Establecen objetivos específicos de recogida, reciclaje y tratamiento.

Reglamento (CE) 1013/2006

Regula los traslados de residuos dentro de la UE y con terceros países.

Plan de Acción Economía Circular (2020)

Promueve productos duraderos, prohíbe plásticos de un solo uso, y fija objetivos de reducción de residuos y mejora del reciclaje.

La base del derecho europeo en esta materia es la **Directiva 2008/98/CE**, conocida como la **Directiva Marco de Residuos**. Esta norma unifica la terminología legal sobre residuos en toda la UE, define conceptos clave como "residuo", "subproducto" o "fin de la condición de residuo", y establece los principios que deben guiar cualquier sistema de gestión. Entre ellos destaca la **jerarquía de residuos**, que prioriza la prevención por encima de la eliminación, así como la preparación para la reutilización, el reciclaje y otras formas de valorización. Esta directiva también obliga a los Estados a diseñar **planes de gestión y programas de prevención**, a promover la **responsabilidad ampliada del productor** y a garantizar la **recogida separada de al menos papel, vidrio, plástico y metales**.

Además de esta norma marco, el cuerpo legislativo europeo incluye un amplio conjunto de **directivas sectoriales**, como:

- ▸ La **Directiva 94/62/CE sobre envases y residuos de envases**, que establece objetivos específicos de recogida y reciclaje de materiales como cartón, plástico o vidrio.

- ▸ La **Directiva 2012/19/UE sobre residuos de aparatos eléctricos y electrónicos (RAEE)**, que regula desde la recogida hasta la descontaminación y reciclaje de estos productos.

- ▸ La **Directiva 2006/66/CE sobre pilas y acumuladores**, con requisitos para la recogida, tratamiento y prohibición de ciertos metales peligrosos.

- ▸ La **Directiva 86/278/CEE sobre lodos de depuradora**, que regula su aplicación en suelos agrícolas.

En paralelo a estas directivas, existen también **reglamentos europeos** con carácter directamente aplicables, sin necesidad de transposición nacional. Uno de los más destacados es el **Reglamento (CE) 1013/2006 sobre traslados de residuos**, que regula los **movimientos dentro de la UE y hacia o desde terceros países**. Este reglamento detalla los procedimientos de notificación, los documentos de identificación, los permisos necesarios y las condiciones bajo las cuales pueden realizarse los traslados, con especial atención a los residuos peligrosos.

La normativa europea se complementa con una visión estratégica a largo plazo, como la definida en el **Plan de Acción para la Economía Circular de 2020**. Este plan propone medidas legislativas y no legislativas para **aumentar la durabilidad de los productos, reducir la generación de residuos, prohibir ciertos plásticos de un solo uso y fomentar la reutilización**. Además, establece metas ambiciosas de reciclaje y reducción del vertido, y promueve modelos de negocio sostenibles, como el ecodiseño, la reparación o el alquiler de productos. La Comisión Europea también impulsa sistemas de **etiquetado ambiental, transparencia y digitalización** para mejorar la trazabilidad y el control de los residuos en toda la cadena.

> ### ⓘ NOTA
>
> En conjunto, la normativa europea ofrece un marco técnico, legal y estratégico robusto, que ha influido profundamente en la legislación española y ha permitido modernizar las infraestructuras, los procedimientos y las responsabilidades en materia de residuos.

2.4 NORMATIVA ESTATAL ESPAÑOLA

España ha adaptado progresivamente todo este entramado normativo internacional y europeo a su propio sistema legal, creando un cuerpo jurídico estatal que regula con detalle todos los aspectos de la gestión de residuos. La norma central es la **Ley 7/2022, de residuos y suelos contaminados para una economía circular**, que actualiza y sustituye a la anterior Ley 22/2011. Esta nueva ley responde a los compromisos europeos en materia de economía circular y aborda los retos actuales de forma integral y coordinada.

Normativa Estatal sobre Residuos

Ley 7/2022

Norma marco sobre residuos y suelos contaminados.

Sustituye a la Ley 22/2011 e incorpora los principios de la economía circular.

Medidas fiscales y nuevas obligaciones

Introduce un impuesto estatal sobre vertederos e incineración.

Responsabilidad del productor

Fabricantes e importadores deben organizar y financiar la recogida y tratamiento de sus productos cuando se convierten en residuos.

Aspectos técnicos y administrativos

Incluye el uso del LER, la gestión del Documento de Identificación (DI), el Registro estatal de residuos y la regulación de suelos contaminados.

Objetivos y control

Establece metas de reciclaje del 55 % para 2025 y medidas contra el desperdicio alimentario.

Entre sus aportaciones principales, esta ley introduce **un impuesto estatal sobre el depósito en vertedero, la incineración y la coincineración**, como herramienta disuasoria para fomentar la valorización y reducir el uso de estas prácticas finales. Establece también **nuevas obligaciones de recogida separada** para fracciones que hasta ahora no se gestionaban de forma independiente, como los residuos textiles, los biorresiduos, los aceites usados o los residuos peligrosos de origen doméstico. Además, se establecen límites temporales para el uso de ciertos productos de plástico de un solo uso, en línea con las directivas europeas.

La ley refuerza también la **responsabilidad ampliada del productor**, obligando a los fabricantes e importadores a hacerse cargo de la recogida y tratamiento de los productos una vez convertidos en residuos. Esto se traduce en la creación de **sistemas colectivos o individuales de gestión**, que deben financiar la logística, el reciclaje, la información al consumidor y el cumplimiento de los objetivos legales.

Por otro lado, la normativa estatal desarrolla aspectos técnicos y administrativos clave, como:

- ► La **clasificación de residuos** según el **Listado Europeo de Residuos (LER)**.

- ► La regulación de los **traslados de residuos dentro de España**, mediante el uso obligatorio del **Documento de Identificación (DI)**.

- ► La creación de un **Registro estatal de producción y gestión de residuos**, conectado con los registros autonómicos.

- ► La regulación de los **suelos contaminados** y la necesidad de declarar emplazamientos sospechosos, realizar investigaciones detalladas y, si procede, acometer la descontaminación bajo supervisión administrativa.

Por último, la ley fija objetivos cuantitativos, como **alcanzar un 55 % de preparación para la reutilización y reciclado de residuos municipales en 2025**, así como metas de reducción del desperdicio alimentario o de reutilización de productos. También establece un **régimen sancionador** detallado, con infracciones leves, graves y muy graves, que pueden dar lugar a multas, suspensión de actividades, cierre de instalaciones o, en ciertos casos, responsabilidades penales.

El marco estatal, por tanto, desarrolla y adapta las directivas europeas, y, **aporta herramientas propias, refuerza el papel de las comunidades autónomas y fija criterios claros para el control, la planificación y la coordinación** entre todos los niveles de la administración. Todo ello orientado a construir un modelo de gestión más coherente, transparente y eficiente, alineado con los objetivos ambientales del siglo XXI.

2.5 NORMATIVAS AUTONÓMICAS Y LOCALES

El sistema jurídico español en materia de residuos se estructura en varios niveles. Aunque el Estado establece el marco normativo general y las bases mínimas comunes, **las comunidades autónomas y las entidades locales desempeñan un papel esencial en el desarrollo, la aplicación y el control de la normativa sobre residuos**. Este reparto competencial se recoge en la **Constitución Española** y se concreta en los **estatutos de autonomía**, que reconocen a las comunidades la competencia en materia de medio ambiente, residuos y ordenación del territorio.

Las **comunidades autónomas** tienen capacidad para aprobar **su propia normativa en materia de residuos**, siempre que se mantengan dentro de los límites establecidos por la legislación básica estatal. En la práctica, esto significa que pueden establecer **requisitos más exigentes, planes y programas de gestión propia, tasas específicas, sistemas de inspección y control, y modelos de organización diferenciados**. Así, por ejemplo, algunas comunidades han adelantado la obligación de recogida separada de biorresiduos antes de las fechas marcadas por la ley estatal, han desarrollado sistemas de recogida puerta a puerta o han creado normativas específicas para el tratamiento de residuos en zonas rurales o insulares.

Además, las comunidades autónomas gestionan los **registros de productores y gestores de residuos**, expiden las **autorizaciones y comunicaciones previas** necesarias para las actividades relacionadas con la gestión, y son responsables de **inspeccionar las instalaciones, tramitar expedientes sancionadores y declarar suelos contaminados**. También elaboran **planes autonómicos de residuos**, que definen objetivos de prevención, reciclaje, reducción del vertido o implantación de la economía circular. Estos planes deben estar alineados con la planificación estatal y europea, pero adaptados a la realidad territorial, económica y demográfica de cada comunidad.

Por su parte, las **entidades locales** —ayuntamientos, mancomunidades y diputaciones— tienen asignada una competencia directa sobre la **recogida, transporte y tratamiento de los residuos domésticos y comerciales no peligrosos generados en sus términos municipales**. Esta competencia incluye también la limpieza viaria, la gestión de puntos limpios y la sensibilización ciudadana. La ley obliga a los municipios a implantar **sistemas de recogida selectiva por fracciones** (orgánica, papel, vidrio, envases, etc.) y a colaborar con las comunidades autónomas y el Estado en el cumplimiento de los objetivos de gestión.

Muchos ayuntamientos han aprobado **ordenanzas municipales específicas** que regulan aspectos como el horario de depósito, el uso de contenedores, la separación de residuos en origen, las sanciones por infracciones o los servicios de recogida de voluminosos. También se han implantado **sistemas de pago por generación**, bonificaciones fiscales para buenas prácticas, programas educativos en escuelas o campañas de concienciación en barrios. En áreas turísticas, rurales o con características particulares, la normativa local puede incluir cláusulas específicas para adaptar la gestión a la estacionalidad o a la dispersión poblacional.

Este **entramado normativo descentralizado** permite una mayor adaptación a las necesidades reales del territorio, pero también requiere coordinación. Por ello, se han creado órganos de cooperación como la **Comisión de Coordinación en Materia de Residuos**, en la que participan representantes del Ministerio, de las comunidades autónomas y de la Federación Española de Municipios y Provincias (FEMP), con el objetivo de armonizar criterios, compartir experiencias y resolver conflictos competenciales.

Saber más

A continuación, se presentan ejemplos de normativas autonómicas en Cataluña, Andalucía y la Comunidad de Madrid, detallando sus principales características y objetivos:

Cataluña: Ley 6/1993, de 15 de julio, de Residuos

Esta ley establece el marco jurídico para la gestión de residuos en Cataluña, con el objetivo de prevenir su generación, fomentar la reducción, reutilización, reciclaje y valorización, y garantizar una eliminación segura. La normativa introduce instrumentos como planes de gestión de residuos y promueve la responsabilidad de los productores en la gestión de los mismos.

Andalucía: Decreto 73/2012, de 20 de marzo, por el que se aprueba el Reglamento de Residuos de Andalucía

Este decreto desarrolla la normativa estatal en materia de residuos, adaptándola al contexto andaluz. Regula aspectos como las autorizaciones administrativas para las actividades de gestión de residuos, establece obligaciones para los productores y gestores, y define el régimen de inspección y sanción. Además, promueve la prevención y la minimización de la generación de residuos.

Comunidad de Madrid: Ley 5/2003, de 20 de marzo, de Residuos de la Comunidad de Madrid

Esta ley tiene por objeto regular la gestión de los residuos en la Comunidad de Madrid, estableciendo principios como la prevención en la generación de residuos, el fomento de su reducción, reutilización, reciclado y otras formas de valorización, y asegurando una eliminación adecuada. También determina las competencias de las distintas administraciones públicas en la materia y establece el régimen de autorizaciones y comunicaciones para las actividades relacionadas con los residuos.

2.6 COMPETENCIAS ADMINISTRATIVAS EN LA GESTIÓN DE RESIDUOS

La **gestión de residuos en España está distribuida entre diferentes niveles de la administración pública**, cada uno con funciones y responsabilidades claramente definidas. Esta distribución de competencias responde a criterios jurídicos, y, también a la necesidad de gestionar los residuos de forma eficaz en todo el territorio, adaptando las soluciones a la escala y características del entorno. A continuación se describen las funciones principales de cada nivel de la administración: estatal, autonómico y local.

La **Administración General del Estado**, a través del **Ministerio para la Transición Ecológica y el Reto Demográfico (MITECO)**, tiene competencias para **elaborar la legislación básica**, que debe ser respetada por todas las comunidades autónomas. También se encarga de **representar a España ante la Unión Europea y otros organismos internacionales**, de **transponer las directivas europeas** al ordenamiento jurídico interno y de **coordinar el cumplimiento de los objetivos comunitarios**.

Entre sus funciones más destacadas se encuentran:

▸ Elaborar la **estrategia nacional de residuos** y los planes marco estatal.

▸ Mantener el **Registro estatal de producción y gestión de residuos**.

▸ Coordinar los sistemas de información electrónica (eSIR, DCS, NIMA).

▸ Impulsar el desarrollo de la economía circular.

▸ Gestionar las **estadísticas oficiales en materia de residuos**, a través del INE y otros organismos técnicos.

▸ Coordinar la acción entre comunidades autónomas, especialmente en traslados de residuos interregionales o en materia de suelos contaminados.

Las **comunidades autónomas**, como ya se ha indicado, tienen competencias ejecutivas muy amplias. Su función principal es **desarrollar la normativa estatal**, adaptándola a su territorio mediante **decretos, planes y órdenes propias**. Son responsables de:

▸ Autorizar las actividades de gestión de residuos.

▸ Inscribir a las empresas y entidades en los registros autonómicos correspondientes.

▸ Controlar e inspeccionar las instalaciones de tratamiento.

▸ Declarar suelos contaminados y supervisar su restauración.

▸ Aprobar **planes autonómicos de prevención y gestión de residuos**.

▸ Emitir los informes y resoluciones sobre traslados dentro y fuera de su territorio.

Las **entidades locales**, como los ayuntamientos, están en la base de la gestión diaria. Aunque su competencia es principalmente operativa, su papel es clave para el éxito del sistema.

Se encargan de:

- La **recogida y transporte de residuos urbanos**.
- El mantenimiento y distribución de contenedores y puntos limpios.
- La implantación de la **recogida separada** por fracciones.
- La prestación de servicios de recogida especial (voluminosos, poda, RAEEs).
- La sensibilización ciudadana y la educación ambiental.
- La aprobación de **ordenanzas municipales** que regulan el uso del servicio.

Para asegurar una gestión eficiente, es necesaria la **colaboración entre niveles**. Por ejemplo, en un traslado de residuos peligrosos de una comunidad a otra, intervienen tanto el productor, como el gestor, como las administraciones autonómicas de origen y destino, y la autoridad estatal si el traslado supera las fronteras. Esta colaboración se articula mediante **instrumentos de planificación, plataformas telemáticas, protocolos de actuación y reuniones técnicas periódicas**.

ⓘ NOTA

El sistema español se basa en una gestión compartida y coordinada entre Estado, comunidades y municipios. Cada nivel aporta una pieza imprescindible para garantizar que los residuos sean tratados con seguridad, legalidad y criterios ambientales. Esta distribución de competencias no es estática, sino que se ajusta con el tiempo a medida que evolucionan los desafíos y oportunidades que plantea la gestión de residuos en un contexto de transformación ecológica global.

2.7 RÉGIMEN SANCIONADOR Y RESPONSABILIDADES (PENAL, ADMINISTRATIVA Y CIVIL)

La normativa de residuos en España establece derechos y procedimientos, y, también un **régimen sancionador claro y estructurado**, cuyo objetivo es garantizar el cumplimiento de las obligaciones legales por parte de todas las personas físicas o jurídicas implicadas en el ciclo de vida del residuo. Este régimen se recoge principalmente en la **Ley 7/2022, de residuos y suelos contaminados para una economía circular**, que tipifica las infracciones, clasifica su gravedad y detalla las sanciones correspondientes. Además, contempla **responsabilidades en tres ámbitos diferenciados: administrativo, penal y civil**.

Régimen sancionador en materia de residuos (Ley 7/2022)

Sanciones Administrativas - Leves

Hasta 2.000 €. Ej.: no actualizar el archivo cronológico obligatorio.

Sanciones Administrativas - Graves

Hasta 100.000 €. Ej.: abandono de residuos, incumplimiento de autorizaciones.

Sanciones Administrativas - Muy Graves

Hasta 3,5 millones de euros. Ej.: gestión ilegal de residuos peligrosos o exportación no autorizada.

Sanciones Accesorias

Suspensión de actividad, inhabilitación para contratar o reparar el daño ambiental causado.

Responsabilidad Penal

Multas, inhabilitación, prisión hasta 2 años si hay daño grave al medio. Incluye responsabilidad de empresas.

Responsabilidad Civil

Reparación del daño, limpieza, indemnización y recuperación obligatoria del entorno contaminado.

En primer lugar, el **régimen administrativo** incluye sanciones para quienes infrinjan la normativa sobre producción, recogida, almacenamiento, transporte, tratamiento, traslado, mezcla o eliminación de residuos. Las **infracciones se clasifican como leves, graves o muy graves**, y la cuantía de las sanciones económicas varía en función de esta clasificación. Una infracción leve —como no mantener actualizado el archivo cronológico obligatorio— puede conllevar una multa de hasta 2.000 euros. Las graves, como el abandono de residuos o el incumplimiento de las condiciones de una autorización, pueden alcanzar los 100.000 euros. Y en los casos muy graves, como la gestión de residuos peligrosos sin autorización o la exportación ilegal de residuos, la sanción puede llegar a los **3,5 millones de euros**. Además de la multa económica, pueden imponerse sanciones accesorias como la suspensión de la actividad, la inhabilitación para contratar con la administración o la obligación de reparar el daño causado.

En segundo lugar, el ordenamiento contempla también la **responsabilidad penal**, en aquellos supuestos en que la gestión indebida de residuos constituya un delito ambiental. Las penas previstas pueden incluir **multas, inhabilitación para ejercer profesiones relacionadas con el medio ambiente e incluso penas de prisión**. En el caso de personas jurídicas, se contempla la **responsabilidad penal de la empresa**, lo que implica sanciones como la disolución, la suspensión de actividades, la clausura de locales o la pérdida de subvenciones públicas.

Por último, el sistema también reconoce la **responsabilidad civil**, es decir, la obligación de **reparar el daño causado** a personas o bienes como consecuencia de una actuación negligente o ilegal en materia de residuos. Esta reparación puede incluir la limpieza del entorno afectado, la restitución del terreno a su estado anterior, la indemnización por daños personales o materiales, y el pago de los costes asociados a las tareas de descontaminación. Además, en el caso de los **suelos contaminados**, la legislación obliga al causante a asumir íntegramente el coste de su recuperación, bajo supervisión administrativa y con garantía de resultados.

El principio que subyace a este régimen sancionador es el de **"quien contamina, paga"**, según el cual la persona o entidad responsable de la generación o gestión inadecuada de residuos debe asumir las consecuencias económicas, legales y ambientales de sus actos. Esta estructura sancionadora cumple una función disuasoria, pero también pedagógica: busca evitar que se repitan prácticas perjudiciales y fomentar una cultura de cumplimiento normativo y responsabilidad ambiental en todos los niveles.

ⓘ NOTA

Las infracciones en materia de residuos no son gestionadas por una única administración, sino que la capacidad para imponer sanciones (lo que se conoce como potestad sancionadora) se reparte entre distintas administraciones públicas.

Cuando se trata de infracciones leves, la competencia recae en la Dirección General de Calidad y Evaluación Ambiental, dentro del Ministerio para la Transición Ecológica y el Reto Demográfico. Si se trata de infracciones graves, quien puede imponer la sanción es directamente la persona titular del Ministerio, y si hablamos de infracciones muy graves, la potestad corresponde al Consejo de Ministros. En todos estos casos, el proceso se inicia desde la propia Dirección General mencionada.

Por otra parte, cuando se produce un abandono o vertido ilegal de residuos que son competencia de los ayuntamientos, o si se entregan sin respetar lo que marca la normativa municipal, la potestad sancionadora la tienen las entidades locales. Esto garantiza que cada administración pueda intervenir directamente en su ámbito de responsabilidad y actuar de forma eficaz frente a las infracciones.

Además, la ley establece claramente quién puede ser considerado responsable en caso de que se cometa una infracción en materia de residuos. **Tanto las personas físicas como las jurídicas** (es decir, tanto individuos como empresas u organizaciones) pueden sancionarse si se demuestra que han participado en una acción contraria a lo dispuesto en la normativa. Esto **no excluye** que, además, puedan derivarse consecuencias en otros ámbitos, como el **penal, civil o medioambiental**, dependiendo de la gravedad del caso.

Cuando **varias personas o entidades** están implicadas en el incumplimiento de la ley, la **responsabilidad es compartida**. Esto quiere decir que **responden solidariamente**, lo que permite exigir la totalidad de la sanción a cualquiera de ellas. Sin embargo, si se trata de una sanción económica y es posible identificar el nivel de implicación de cada parte, la administración puede **ajustar la sanción individualmente**, valorando el papel de cada uno según lo previsto en la Ley de Régimen Jurídico del Sector Público.

Existen ciertos casos en los que la ley **impone siempre responsabilidad solidaria**, sin posibilidad de reparto. Por ejemplo, si un **productor, poseedor o gestor de residuos entrega esos residuos a alguien no autorizado**, todos los implicados en esa acción responderán por igual. También ocurre lo mismo cuando **hay varios responsables cuya actuación ha sido decisiva** para que se produzca una infracción, pero **no se puede determinar con precisión cuánto ha contribuido cada uno**.

En el ámbito local, si se comete una infracción con residuos que son de competencia municipal, la **responsabilidad puede recaer incluso sobre entidades sin personalidad jurídica**, como asociaciones vecinales o comunidades de propietarios, siempre que hayan intervenido en los hechos.

Por último, cuando un **daño ambiental** se origina por la **suma de acciones realizadas por diferentes personas o entidades**, la administración puede **atribuir la responsabilidad individualmente**. En este caso, también se pueden exigir **compensaciones económicas** por los efectos provocados, aunque no se trate de una infracción cometida de forma aislada, sino como resultado acumulado de varias actividades.

2.8 AUTORIZACIONES, LICENCIAS Y REQUISITOS TÉCNICOS

El ejercicio de actividades relacionadas con la gestión de residuos —desde su producción hasta su eliminación o valorización— requiere contar con **autorizaciones y licencias específicas**, que garanticen que dichas actividades se desarrollan de forma segura, legal y controlada. Estas autorizaciones son otorgadas por las **comunidades autónomas**, que actúan como autoridades competentes para evaluar, conceder, revisar y revocar los permisos en función de la actividad solicitada, el tipo de residuo y el lugar donde se realiza la gestión.

Las **actividades que requieren autorización previa** son aquellas que implican operaciones de recogida, transporte, almacenamiento, tratamiento, valorización o eliminación de residuos. También se requiere autorización para **actuar como gestor o productor inicial de residuos peligrosos**, o cuando se superan ciertos umbrales de generación de residuos no peligrosos. El procedimiento exige presentar un proyecto técnico, acreditar la solvencia técnica y económica de la empresa, cumplir con los requisitos de ubicación, accesos, seguridad y compatibilidad urbanística, y garantizar que se aplicarán técnicas respetuosas con el medio ambiente. Esta autorización incluye una serie de condiciones, que pueden referirse a los tipos de residuos que se pueden gestionar, las instalaciones empleadas, las frecuencias de control, las obligaciones documentales o las medidas de emergencia.

En el caso del **transporte de residuos**, se exige una **inscripción en el registro de transportistas autorizados**, además de la **comunicación previa a la comunidad autónoma donde se inicia la actividad**. Los vehículos deben cumplir requisitos técnicos como la impermeabilización de la caja, sistemas de contención de líquidos, etiquetado visible, documentos de acompañamiento y protocolos de limpieza y desinfección. También deben llevar el **Documento de Identificación (DI)** durante los traslados, que permite rastrear cada movimiento del residuo desde su origen hasta su destino final.

Saber más

Esto se gestiona principalmente a través de los servicios de medio ambiente de cada comunidad autónoma, ya que son las autoridades competentes para autorizar, registrar y controlar el transporte de residuos dentro de su territorio. No obstante, también intervienen plataformas y registros a nivel estatal que permiten centralizar parte de la documentación y la trazabilidad, como veremos a continuación.

¿Dónde se hace la inscripción y la comunicación previa?

▸ Inscripción en el Registro de Transportistas Autorizados:

Se realiza ante la comunidad autónoma donde se establezca la sede del transportista.

Cada comunidad tiene su propio procedimiento electrónico. Por ejemplo:

- En Cataluña, se tramita a través del *Portal de Trámites de la Agencia de Residuos de Cataluña:*

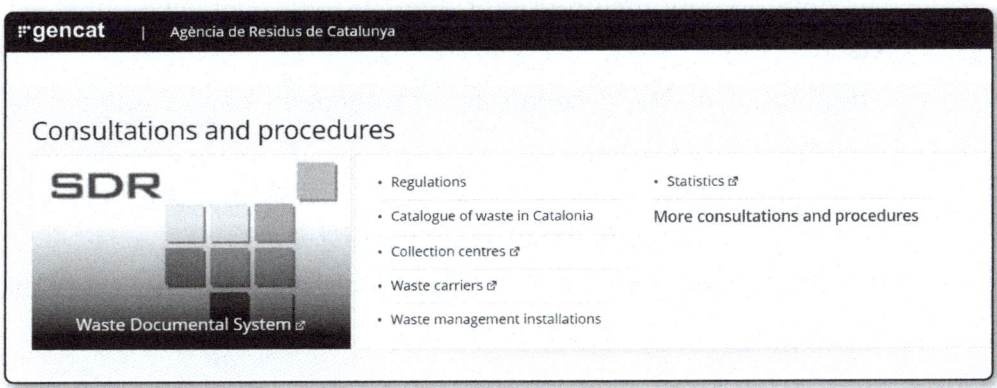

- En Madrid, mediante la sede electrónica de la Comunidad:

- ▼ Comunicación previa al inicio de la actividad:

  También se dirige a la comunidad autónoma donde se inicie el transporte. Suele hacerse mediante formulario electrónico o plataforma online.

¿Qué requisitos técnicos deben cumplir los vehículos?

- ▼ Cierre hermético y caja impermeabilizada si transportan residuos líquidos o peligrosos.
- ▼ Sistema de contención de derrames o fugas, especialmente en cisternas.
- ▼ Etiquetado visible y señalización adecuada según el tipo de residuo.
- ▼ Plan de limpieza y desinfección del vehículo tras cada uso (en caso de residuos peligrosos o sanitarios).
- ▼ Equipamiento adicional: EPIs, extintores, material absorbente y documentación accesible al conductor.

Las empresas que realizan actividades de **recogida y tratamiento de residuos** deben cumplir con **requisitos técnicos mínimos**, tanto en lo relativo a las instalaciones como a los procedimientos. Esto incluye:

- ▼ **Sistemas de pesaje y clasificación en planta.**
- ▼ **Controles de acceso y zonas de almacenamiento diferenciadas.**
- ▼ **Sistemas de ventilación, extinción de incendios y control de emisiones.**
- ▼ **Plan de vigilancia ambiental** para controlar olores, ruidos, emisiones y vertidos.
- ▼ **Equipos de protección individual (EPI)** y formación específica para el personal.
- ▼ **Medidas de contención para evitar derrames o mezclas incompatibles.**

En algunas actividades específicas, como el tratamiento de residuos peligrosos, residuos sanitarios, residuos eléctricos y electrónicos (RAEE), o residuos con amianto, se exigen **protocolos especiales** y condiciones más estrictas. Además, estas actividades deben estar sometidas a **inspecciones periódicas**, y las autorizaciones pueden suspenderse **o revocadas** si se incumplen las condiciones técnicas o administrativas establecidas.

Todas estas autorizaciones se inscriben en los registros autonómicos de producción y gestión de residuos, que se integran a su vez en el Registro estatal de producción y gestión, facilitando así la trazabilidad y el control en todo el territorio nacional.

2.9 OBLIGACIONES LEGALES DEL PRODUCTOR, GESTOR Y TRANSPORTISTA

La correcta gestión de residuos no puede entenderse sin una **clara asignación de responsabilidades legales** entre los distintos agentes implicados en el ciclo de vida del residuo. La legislación española, concretamente la **Ley 7/2022, de residuos y suelos contaminados para**

una economía circular, detalla con precisión cuáles son las obligaciones de cada actor, diferenciando el papel del **productor del residuo**, del **gestor autorizado** y del **transportista**. Este reparto permite asegurar que, desde el momento en que un residuo se genera hasta su tratamiento o eliminación final, todas las fases están controladas, documentadas y sujetas a supervisión administrativa.

El **productor del residuo** es la persona física o jurídica que genera residuos como resultado de su actividad profesional, industrial, comercial o de servicios. También se considera productor a quien realiza un tratamiento previo, una mezcla o cualquier otra operación que modifique la naturaleza o composición del residuo original. Sus principales obligaciones incluyen **minimizar la generación de residuos**, **clasificarlos correctamente en origen**, **almacenarlos de forma segura**, y **entregarlos a un gestor autorizado** en condiciones legales. Además, debe **identificar si los residuos generados son peligrosos**, cumplir con los requisitos específicos para su transporte y mantener toda la documentación que acredite la correcta gestión de estos.

El **gestor de residuos**, por su parte, es el agente autorizado para llevar a cabo operaciones de recogida, almacenamiento, valorización, tratamiento o eliminación. Para ello, debe contar con las autorizaciones pertinentes otorgadas por la comunidad autónoma donde opera, cumplir los requisitos técnicos y ambientales establecidos en su licencia, y garantizar la **trazabilidad del residuo** desde su recepción hasta su destino final. Entre sus obligaciones están la **emisión de documentos de aceptación**, la **generación de certificados de tratamiento o valorización**, la **comunicación periódica de actividades** a la administración y el mantenimiento de registros actualizados sobre el volumen, tipo y origen de los residuos gestionados.

En cuanto al **transportista**, su papel es fundamental para conectar el punto de generación con el centro de tratamiento. Debe estar inscrito en el **registro autonómico correspondiente**, utilizar vehículos adaptados a la naturaleza del residuo transportado, y **respetar las condiciones de seguridad, señalización y etiquetado**. Además, está obligado a portar durante el traslado el **documento de identificación (DI)**, que certifica la legalidad del movimiento y permite rastrear el residuo en caso de inspección o incidente.

> ### ⓘ NOTA
>
> Cuando se trata de residuos peligrosos, los transportistas deben seguir procedimientos adicionales establecidos por el Acuerdo ADR sobre transporte de mercancías peligrosas por carretera, incluyendo la formación del personal, la señalización de vehículos y el cumplimiento de rutas autorizadas.

2.9.1 Documentación: notificaciones, registros, DCS, declaraciones

Uno de los pilares para garantizar la legalidad y trazabilidad en la gestión de residuos es la **documentación obligatoria** que deben manejar y conservar los productores, gestores y transportistas. Esta documentación acredita que las operaciones cumplen con la normativa vigente y permite a las autoridades realizar controles, investigaciones y estadísticas con información precisa y verificable.

Entre los documentos más importantes se encuentran:

▼ **Notificaciones previas de traslado**: obligatorias cuando se va a realizar el traslado de residuos peligrosos o, en algunos casos, de residuos no peligrosos entre comunidades autónomas. Deben presentarse ante la autoridad competente con antelación al traslado y contener datos sobre el productor, el gestor de destino, el tipo de residuo, el medio de transporte y la fecha prevista del traslado.

▼ **Documento de identificación (DI)**: acompaña obligatoriamente a cualquier traslado de residuos, tanto peligrosos como no peligrosos, dentro del territorio nacional. Este documento incluye información detallada sobre el origen, características y destino del residuo. Debe estar firmado por el productor, el transportista y el gestor receptor, y conservarse durante un mínimo de tres años.

▼ **Archivo cronológico**: cada productor y gestor debe mantener un registro actualizado de las operaciones realizadas, con los datos de cada residuo generado, transportado o tratado. Este archivo debe estar disponible para las autoridades en caso de inspección y puede gestionarse de forma electrónica a través de plataformas como **eSIR** o los sistemas autonómicos integrados.

Ejemplo

Una empresa de servicios de mantenimiento industrial ubicada en Zaragoza realiza limpiezas técnicas que generan residuos peligrosos (aceites usados, disolventes contaminados y filtros de aceite).

¿Qué hace la empresa?

Mantiene un archivo cronológico electrónico mediante la plataforma eSIR, del Ministerio para la Transición Ecológica y el Reto Demográfico (MITERD).

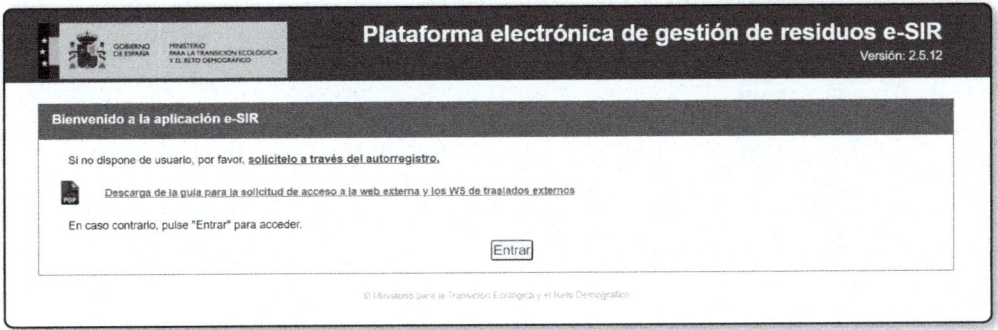

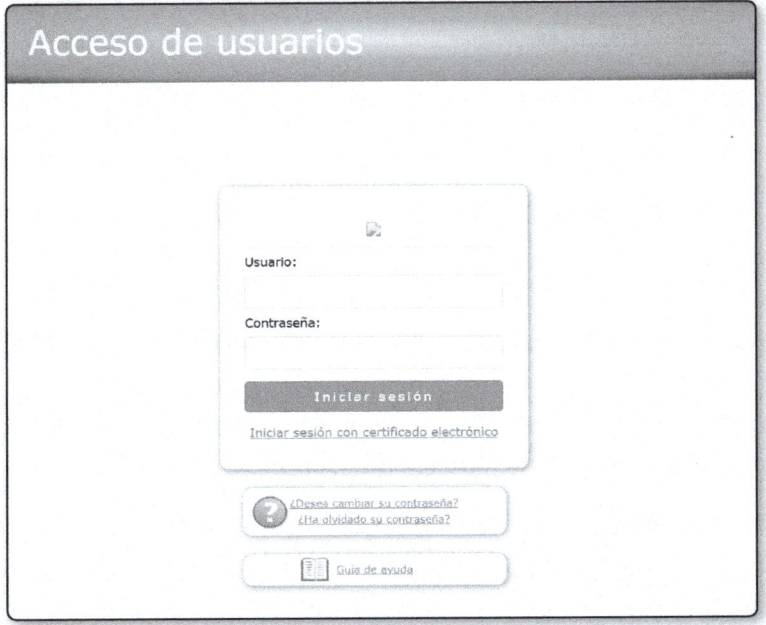

https://servicio.mapama.gob.es/esir-web-adv/

Campo	Operación 1	Operación 2	Operación 3
Fecha	05/03/2025	12/03/2025	19/03/2025
Tipo de residuo	Aceite mineral usado	Disolventes halogenados	Filtros de aceite usados
Código LER	13 01 10*	14 06 01*	16 01 07*
Cantidad (kg)	120	80	35
Operación realizada	Recogida y traslado	Almacenamiento temporal	Entrega para valorización
Transportista	Transportes Ecológicos del Ebro	—	Transreciclaje Logística S.A.
Gestor receptor	Reciclatécnica Aragón S.L.	—	EcoGestión de Residuos Peligrosos S.L.

Archivo cronológico del productor de residuos – marzo 2025 (ejemplo)

▶ **Declaraciones anuales de residuos**: tanto los productores como los gestores están obligados a presentar un resumen anual de su actividad, indicando cantidades generadas, entregadas, tratadas, transportadas o almacenadas. Esta declaración se remite a la comunidad autónoma correspondiente y permite a las administraciones evaluar el cumplimiento de objetivos y generar datos estadísticos oficiales.

▶ **Documentos de control y seguimiento (DCS)**: utilizados especialmente en el traslado de residuos entre comunidades autónomas o en el marco de operaciones de responsabilidad ampliada del productor. Aportan información adicional sobre el ciclo completo del residuo y son clave para garantizar la trazabilidad en procesos más complejos

Ejemplo

Una empresa fabricante de electrodomésticos en Castilla y León (Burgos) realiza una recogida masiva de residuos de aparatos eléctricos y electrónicos (RAEE) generados por sus productos en servicio postventa. Estos residuos se trasladan para tratamiento especializado a una planta de reciclaje ubicada en Comunidad Valenciana (Valencia).

¿Qué procedimiento sigue la empresa?

Emite un Documento de Control y Seguimiento (DCS) a través de la plataforma eSIR, ya que el traslado supera los límites autonómicos y está vinculado al sistema colectivo de responsabilidad ampliada del productor (SCRAP) del sector electrónico.

*Los sistemas colectivos de responsabilidad ampliada del productor (SCRAP) organizan redes específicas para la recogida selectiva de residuos electrónicos, facilitando que tanto consumidores como usuarios puedan depositar de forma adecuada los aparatos que ya no utilizan o que han quedado fuera de servicio.

Campo	Ejemplo
Productor del residuo	Electrodomésticos Compactos S.A. (CIF: A09123456)
Tipo de residuo	RAEE–frigoríficos con gases (fluorados)
Código LER	20 01 23*
Cantidad total	1.800 kg
Origen del residuo	Servicio técnico y puntos de recogida en Castilla y León
Fecha de traslado	20/03/2025
Transportista autorizado	Logística Verde Europa S.L. (NIMA: 09T2023456)
Gestor final de tratamiento	Reciclados Industriales Mediterráneo S.L. (NIMA: 46G3012345)
Operación de destino	R5 – Reciclado de componentes/ metales
Sistema colectivo asociado	Fundación EcoRAEE
Observaciones	Traslado autorizado por ambas comunidades; DCS vinculado a contrato marco de SCRAP.

Contenido del DCS (ejemplo)

¿Qué garantiza este documento?

- Trazabilidad completa del residuo desde el punto de recogida hasta su valorización final.
- Control documental conjunto entre ambas comunidades autónomas (Castilla y León y Comunidad Valenciana).
- Cumplimiento de los requisitos legales de la Ley 7/2022 y del Reglamento de traslados de residuos.
- Transparencia y responsabilidad compartida entre productor, transportista y gestor.
- Validez como prueba documental en caso de inspección o auditoría ambiental.

¿Cuándo es obligatorio el DCS?

▸ Cuando el traslado implica más de una comunidad autónoma.

▸ Cuando el residuo es peligroso o está vinculado a un sistema de responsabilidad ampliada del productor (como RAEE, envases, neumáticos, etc.).

▸ Cuando lo exige la autoridad competente, incluso para residuos no peligrosos en ciertos casos.

Toda esta documentación debe conservarse durante al menos tres años —en algunos casos más, si así lo exige la normativa sectorial— y estar disponible en caso de inspección. El incumplimiento de estas obligaciones documentales puede dar lugar a sanciones graves, ya que impide a la administración verificar el tratamiento legal y adecuado del residuo.

2.9.2 Prohibiciones, limitaciones y requisitos formales

El marco legal que regula la gestión de residuos incluye una serie de **prohibiciones expresas, condiciones restrictivas y exigencias documentales** que deben respetarse rigurosamente en todas las fases del proceso, desde la generación hasta la entrega final del residuo. Estas disposiciones tienen como finalidad **evitar impactos negativos en el medio ambiente y proteger la salud pública**, al tiempo que refuerzan el cumplimiento normativo en los diferentes niveles de actuación, tanto en el ámbito privado como en el público.

Una de las acciones terminantemente prohibidas es **el abandono de residuos en lugares no autorizados**, ya sean zonas urbanas, solares, caminos rurales, cauces fluviales o contenedores no destinados a ese tipo de residuo. También está vetada la **mezcla de residuos peligrosos con otros materiales**, ya que esta práctica dificulta su tratamiento posterior y puede agravar los riesgos asociados. Solo se admite la mezcla cuando existe una justificación técnica, se cumplen requisitos de seguridad y se ha obtenido la autorización correspondiente de la autoridad ambiental. Estas infracciones pueden acarrear sanciones muy elevadas, consideradas como faltas graves o muy graves en el régimen sancionador.

En cuanto a las limitaciones operativas, la normativa específica que **ciertas actividades solo pueden llevarse a cabo en instalaciones que cuenten con autorización expresa**. Por ejemplo, **el almacenamiento temporal de residuos por parte del productor está permitido únicamente bajo condiciones muy concretas**: debe realizarse durante un plazo definido, generalmente inferior a seis meses, en contenedores adecuados y sin sobrepasar los volúmenes permitidos. Si el productor excede estos límites o no garantiza la correcta conservación del residuo, podría incurrir en infracción. Asimismo, los gestores de residuos están obligados a **notificar cualquier modificación en su actividad**, como el cambio de residuos aceptados o la ampliación de capacidad, solicitando la revisión de su autorización administrativa.

Respecto a los aspectos formales, la legislación exige que **todas las operaciones de gestión estén debidamente identificadas y documentadas**, especialmente cuando se trabaja con residuos peligrosos. Cada recipiente debe incorporar **etiquetado visible y legible** donde figure el **código LER del residuo**, los **pictogramas de peligrosidad**, la **fecha de envasado** y, si procede, instrucciones de manipulación segura. Los espacios de almacenamiento, por su parte, deben estar señalizados y organizados, con **sistemas de ventilación, compartimentación por tipo de residuo y barreras físicas** para evitar fugas, incendios o accesos no autorizados.

Para asegurar el cumplimiento de estas obligaciones, la trazabilidad documental es fundamental. La normativa obliga a utilizar **formularios oficiales**, respetar los **plazos máximos de almacenamiento**, mantener registros precisos y garantizar una **separación adecuada de residuos** en todas las etapas.

Categoría	Especificación
Prohibiciones	Abandono de residuos en espacios no autorizados (campos, solares, ríos, etc.).
Prohibiciones	Mezcla de residuos peligrosos con otros residuos o materiales sin autorización.
Prohibiciones	Eliminación incontrolada de residuos (quemas, vertidos no autorizados, etc.).
Prohibiciones	Gestión de residuos sin la debida autorización administrativa.
Limitaciones	Almacenamiento temporal solo permitido por un máximo de 6 meses y en condiciones específicas.
Limitaciones	Volúmenes máximos establecidos por tipo de residuo, según normativa autonómica o estatal.
Limitaciones	Restricción en la aceptación de residuos distintos a los autorizados en una instalación.
Limitaciones	Obligación de comunicar modificaciones en la autorización del gestor (tipo de residuos, procesos, etc.).

Categoría	Especificación
Requisitos formales	Etiquetado obligatorio de los residuos con su código LER y fecha de envasado.
Requisitos formales	Uso de pictogramas de peligrosidad si corresponde (normativa CLP).
Requisitos formales	Identificación clara y legible de cada recipiente o contenedor de residuos.
Requisitos formales	Separación de residuos por tipo, especialmente si hay residuos peligrosos.
Requisitos formales	Registro y archivo cronológico de todas las operaciones de gestión realizadas.
Requisitos formales	Disponibilidad del archivo cronológico para inspección durante al menos 3 años.
Requisitos formales	Almacenamiento en lugares ventilados, protegidos contra incendios y con acceso restringido.
Requisitos formales	Utilización del Documento de Identificación (DI) para cada traslado de residuos.
Requisitos formales	Conservación de documentación acreditativa de entregas, traslados y tratamientos.
Requisitos formales	Gestión del DCS en traslados entre comunidades o bajo responsabilidad ampliada del productor.

El desconocimiento de estas obligaciones **no exime de su cumplimiento**, por lo que resulta esencial que tanto las empresas como las personas que intervienen en la gestión de residuos estén bien informadas. Una mala práctica, aunque se realice sin intención, puede derivar en **sanciones económicas importantes o responsabilidades legales**, además de generar consecuencias medioambientales que, en muchos casos, resultan costosas y difíciles de revertir.

3

Gestión general de los residuos y tratamientos

A lo largo de este apartado se describe la jerarquía de gestión de residuos, que prioriza la prevención y la valorización frente a la eliminación. Se presentan los sistemas de recogida y transporte, así como las tecnologías más comunes para su tratamiento, prestando especial atención a la eficiencia, la seguridad y el cumplimiento ambiental.

3.1 JERARQUÍA DE GESTIÓN DE RESIDUOS

La **jerarquía de gestión de residuos** es un principio fundamental que orienta las políticas y estrategias en materia ambiental tanto a nivel europeo como estatal. Se trata de una escala que ordena las distintas opciones disponibles para gestionar los residuos, dando preferencia a aquellas que generan **menos impacto ambiental y mayor eficiencia en el uso de recursos**. Esta jerarquía se recoge en la **Directiva 2008/98/CE** y se ha incorporado al ordenamiento jurídico español a través de la **Ley 7/2022, de residuos y suelos contaminados para una economía circular**.

Jerarquía de gestión de residuos

1. Prevención
Evitar la generación de residuos desde el origen.

2. Reutilización
Alargar la vida útil de productos o materiales sin necesidad de someterlos a procesos industriales.

3. Reciclaje
Transformar los residuos en nuevos productos, materiales o materias primas secundarias.

4. Valorización energética
Aprovechar el contenido energético de residuos no reciclables para generar energía.

5. Eliminación
Depositar los residuos en vertederos controlados cuando no pueden ser tratados de otra forma.

Esta estructura no es una simple guía teórica, sino un criterio obligatorio que debe tenerse en cuenta en todas las decisiones relacionadas con la recogida, el tratamiento y la planificación de infraestructuras. Su aplicación busca **minimizar la generación de residuos y maximizar su aprovechamiento**, favoreciendo la transición hacia un modelo de economía circular, donde los productos, materiales y recursos se mantengan en uso el mayor tiempo posible.

3.1.1 Prevención

La **prevención** ocupa el primer lugar en la jerarquía. El objetivo es evitar que el residuo llegue a generarse. Esta fase incluye todas aquellas medidas que reducen la cantidad de residuos producidos, ya sea mediante el **ecodiseño de productos**, la **reducción del consumo innecesario**, el **alargamiento de la vida útil de los objetos** o la mejora de los procesos productivos para que sean más eficientes y sostenibles.

Por ejemplo, muchas empresas han comenzado a rediseñar sus envases para utilizar menos material o facilitar su reciclaje posterior. En el ámbito doméstico, optar por productos a granel o evitar el uso de bolsas de plástico de un solo uso son formas cotidianas de prevención. Las administraciones públicas también aplican medidas de prevención a través de **campañas de sensibilización**, **incentivos fiscales** o el fomento de la compra verde en la contratación pública.

Contexto	Medidas de prevención de residuos	Relación con la gestión de residuos
Industria alimentaria	Revisar inventarios semanalmente para ajustar los pedidos de materias primas, implementar sistemas FIFO (First In, First Out), y donar excedentes a bancos de alimentos autorizados.	Reducción de residuos perecederos y menor generación de envases.
Centros escolares	Instalar estaciones de reciclaje codificadas por colores, distribuir kits de almuerzo reutilizables para el alumnado y el profesorado, y limitar el uso de impresoras mediante control digital.	Mejora en la separación desde el origen y disminución de papel residual.

Contexto	Medidas de prevención de residuos	Relación con la gestión de residuos
Sector textil	Adoptar patrones de corte optimizados para reducir retales, utilizar algodón reciclado certificado, y establecer sistemas de devolución y reacondicionamiento de prendas defectuosas.	Prevención de excedentes textiles y menor generación de residuos de moda.
Oficinas administrativas	Configurar sistemas de impresión a doble cara por defecto, digitalizar expedientes y formularios, sustituir archivadores físicos por gestores documentales digitales.	Reducción de residuos de oficina y papel a gestionar.
Ferias y eventos	Proporcionar vasos reutilizables, alquilar mobiliario reciclado y modular, e incorporar señalética ecológica fabricada con materiales recuperados.	Menor generación de residuos de envases y decorativos desechables.
Construcción	Planificar con precisión el material necesario mediante software BIM, reutilizar tablones y estructuras metálicas, y almacenar sobrantes para próximos proyectos.	Disminución de residuos de obra y escombros reutilizables.
Hostelería y restauración	Ofrecer menús digitales, instalar fuentes de agua con botellas reutilizables para clientes y empleados, y sustituir pajitas y cubiertos de plástico por alternativas reutilizables.	Reducción de residuos orgánicos y envases de un solo uso.
Sector agrícola	Reutilizar sacos de pienso y fertilizantes para almacenamiento, implementar compostadores para los restos orgánicos y coordinar la recogida de plásticos agrícolas con gestores autorizados.	Gestión más eficiente de residuos agrícolas y orgánicos.

Contexto	Medidas de prevención de residuos	Relación con la gestión de residuos
Hospitales	Ajustar la compra de material sanitario al consumo real mensual, esterilizar material reutilizable siempre que sea seguro y aplicar medidas estrictas para evitar el vencimiento de fármacos.	Reducción de residuos peligrosos y sanitarios.
Supermercados	Eliminación de bandejas y bolsas innecesarias en frutas y verduras, introducción de básculas para productos a granel y reutilización de cajas de transporte.	Prevención de residuos de envases, embalajes y bolsas.
Fabricación electrónica	Estandarizar componentes para facilitar su desmontaje, instalar contenedores para piezas defectuosas reutilizables y establecer convenios con gestores para reacondicionamiento.	Minimización de residuos electrónicos y piezas desechadas.
Transportes públicos	Usar códigos QR para acceso a horarios e información, instalar estaciones con separación selectiva de residuos, y reutilizar paneles publicitarios y señalética entre campañas.	Reducción de residuos informativos y mejora en la separación en origen.

3.1.2 Reutilización

Cuando la prevención no ha sido suficiente y el residuo ya se ha generado, se da paso a la **reutilización**, es decir, **volver a usar un producto sin someterlo a un proceso industrial**. En este nivel se incluyen todas las acciones encaminadas a darle una segunda vida a un objeto, bien tal y como está o tras pequeñas reparaciones o limpiezas.

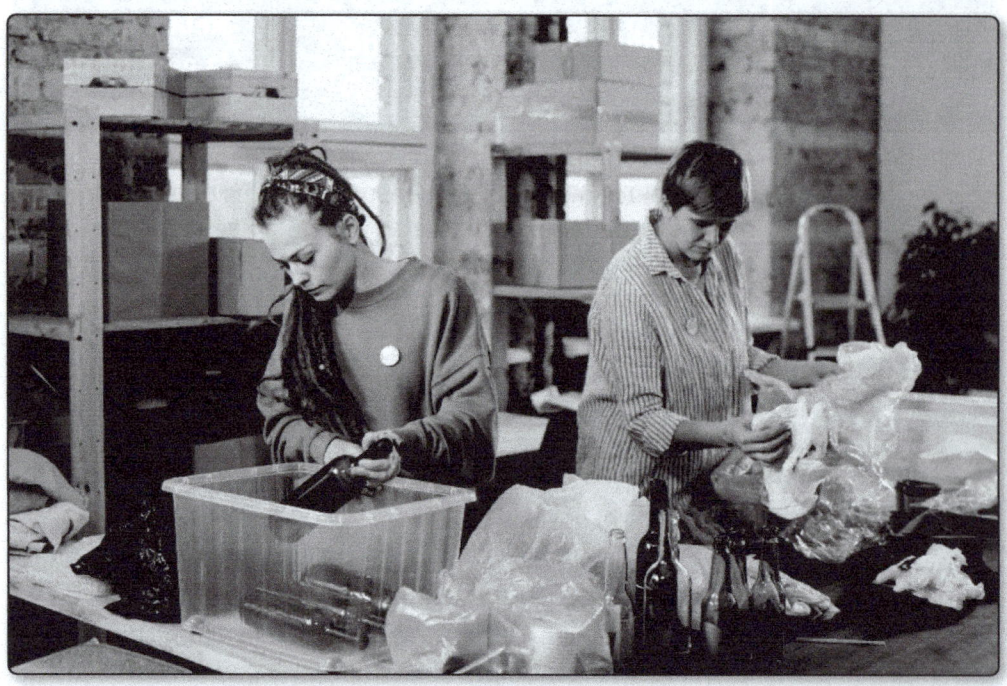

Un ejemplo claro son los programas de recogida de muebles, ropa o electrodomésticos para su reacondicionamiento y entrega a familias en situación de vulnerabilidad. También es habitual encontrar iniciativas de trueque, mercados de segunda mano o plataformas digitales que fomentan la reutilización de materiales en buen estado. A nivel industrial, muchas empresas aplican protocolos internos de reaprovechamiento de componentes o embalajes reutilizables.

Contexto	Ejemplos de reutilización	Beneficios para la gestión de residuos
Hostelería y restauración	Uso de vajilla, cubiertos y servilletas de tela reutilizables; tarros de cristal retornables para bebidas o salsas.	Reducción de residuos de un solo uso y mejora en la eficiencia del lavado y gestión de utensilios.

Contexto	Ejemplos de reutilización	Beneficios para la gestión de residuos
Industria textil	Recogida de ropa usada para limpieza industrial, creación de accesorios o remanufactura de nuevas prendas.	Disminución de residuos textiles y ampliación del ciclo de vida de los materiales.
Sector sanitario	Reutilización de bandejas de quirófano esterilizables, batas textiles y contenedores de medicamentos reutilizables.	Menor generación de residuos sanitarios y reducción del coste en materiales desechables.
Comercios minoristas	Instalación de sistemas de depósito y retorno para envases de vidrio o cajas plegables reutilizables.	Reducción de envases desechables y fomento del consumo sostenible con envases retornables.
Construcción	Reutilización de maderas, puertas o sanitarios en obras de rehabilitación; uso de encofrados metálicos recuperables.	Disminución de escombros y residuos voluminosos, mejora de la circularidad en obras.
Oficinas administrativas	Reutilización de sobres internos, material de embalaje y carpetas; uso de mobiliario de segunda mano reacondicionado.	Reducción de residuos administrativos y costes asociados al mobiliario nuevo.
Ferias y eventos	Utilización de elementos escenográficos modulares y pancartas impresas sobre lonas reutilizables para nuevos eventos.	Minimización de residuos plásticos y textiles en grandes eventos con logística reversible.
Agricultura	Reutilización de bidones para riego por goteo, estructuras de soporte para invernaderos o palés para compostaje.	Reducción de residuos agrícolas y mejora en la eficiencia del uso de materiales existentes.

Contexto	Ejemplos de reutilización	Beneficios para la gestión de residuos
Centros educativos	Reutilización de materiales escolares como carpetas, portafolios, pizarras y material didáctico de años anteriores.	Menor generación de residuos escolares y fomento de una cultura de aprovechamiento.
Fabricación electrónica	Reacondicionamiento de equipos defectuosos, aprovechamiento de componentes y donación de dispositivos funcionales.	Disminución de RAEE y mejora del aprovechamiento de recursos valiosos.
Bibliotecas y centros culturales	Reutilización de estanterías, muebles o elementos expositivos entre campañas; intercambio de libros usados.	Ahorro de recursos materiales y reducción del residuo cultural y editorial.
Servicios de limpieza municipal	Uso de cubos y bolsas reforzadas reutilizables para barrido; contenedores lavables de recogida selectiva móvil.	Reducción de residuos urbanos mediante el uso prolongado de contenedores y utensilios de limpieza.
Parques y jardines municipales	Reutilización de agua de lluvia para riego, compostadoras comunitarias y mobiliario urbano hecho con madera reciclada.	Reducción de residuos orgánicos y valorización de restos vegetales.
Transporte y logística	Reutilización de palés, cajas de embalaje y sacos para múltiples ciclos de transporte interno y externo.	Menor generación de residuos de envase y mejor eficiencia en la cadena logística.
Centros penitenciarios	Reutilización de ropa y material de cama, así como herramientas de trabajo y mobiliario adaptado.	Ahorro de recursos textiles y reducción de residuos institucionales.

Contexto	Ejemplos de reutilización	Beneficios para la gestión de residuos
Servicios funerarios	Reutilización de urnas ecológicas, flores artificiales para homenaje y elementos ceremoniales modulares.	Disminución de residuos en servicios públicos y fomento del ecodiseño funerario.
Industria papelera	Reaprovechamiento de papel usado como papel de borrador, recuperación de fibras para nueva fabricación.	Reducción del consumo de materia prima virgen y cierre del ciclo del papel.
Museos y archivos	Reutilización de expositores, vitrinas y materiales de embalaje interno entre exposiciones temporales.	Menor generación de residuos de museografía y mayor aprovechamiento de recursos de archivo.

3.1.3 Reciclaje

El **reciclaje** consiste en **transformar los residuos en nuevos productos, materiales o materias primas**, mediante procesos industriales. Esta opción implica una mayor inversión técnica y energética que las anteriores, pero permite recuperar recursos valiosos y reducir la dependencia de materias primas vírgenes.

En España, el reciclaje está regulado y apoyado por sistemas de recogida selectiva, puntos limpios y contenedores específicos. Materiales como el papel, el vidrio, los envases, los metales o los plásticos tienen canales de reciclado bien establecidos. Además, sectores como el textil, los neumáticos o los aparatos eléctricos y electrónicos cuentan con sistemas integrados de gestión que financian el proceso de reciclaje mediante la responsabilidad ampliada del productor.

El sistema de recogida selectiva de residuos está basado en **contenedores diferenciados por colores**, lo que permite una **separación en origen** eficaz y facilita las tareas de reciclaje y tratamiento. Cada color está asociado a un tipo específico de residuo, y su uso está regulado tanto a nivel estatal como autonómico, en línea con los objetivos marcados por la **Ley 7/2022 de residuos y suelos contaminados para una economía circular** y las directivas europeas.

Contenedor azul: papel y cartón

Este contenedor está destinado a **residuos de papel y cartón**, como periódicos, revistas, cajas, envases de cartón, sobres o folletos publicitarios. Es importante que estos residuos estén **limpios y secos** y que no se mezclen con plásticos, restos orgánicos ni materiales sucios. No deben depositarse en él papeles plastificados, servilletas usadas ni cartones manchados de grasa.

Contenedor amarillo: envases ligeros

Se utiliza para **envases de plástico, latas y briks**. Aquí deben ir botellas de agua o refresco, envases de yogur, bolsas de plástico, latas de conservas, tapones, bandejas de corcho blanco (poliestireno expandido) o tetra bricks de leche y zumo. No deben depositarse juguetes, utensilios de cocina, ni plásticos industriales. Aunque todos sean "plásticos", solo se recogen los **envases**, es decir, aquellos que han contenido productos de consumo.

Contenedor verde: vidrio

Está reservado para **envases de vidrio**, como botellas, frascos o tarros sin tapa. No deben depositarse en él espejos, cristales de ventanas, vasos rotos, bombillas ni tubos fluorescentes, ya que tienen un tratamiento específico y pueden dañar el proceso de reciclaje del vidrio.

Contenedor marrón: residuos orgánicos (biorresiduos)

Cada vez más extendido, este contenedor sirve para **residuos orgánicos biodegradables**: restos de comida, cáscaras, posos de café, servilletas sucias, restos vegetales, etc. Su objetivo es facilitar el **compostaje** o la **valorización energética**. En algunas ciudades aún está en fase de implantación, pero su uso será obligatorio por ley en todo el país.

Contenedor gris (o verde oscuro): fracción resto

Aquí van todos los residuos que **no pueden reciclarse** en los contenedores anteriores. Se trata de residuos no peligrosos y no reciclables, como colillas, pañales, polvo de barrer, cerámicas rotas o productos de higiene. Su destino final suele ser el vertedero o, en menor medida, la incineración con recuperación energética.

Además de los colores básicos, existen otros sistemas complementarios:

- ▶ **Contenedores de medicamentos**: en farmacias, para medicamentos caducados o no utilizados y sus envases.

- ▶ **Contenedores de pilas y baterías**: en comercios, colegios o edificios públicos.

- ▶ **RAEE (residuos de aparatos eléctricos y electrónicos)**: en puntos limpios o campañas específicas de recogida.

- ▶ **Aceite doméstico usado**: se recoge en botellas cerradas en contenedores especiales.

- ▶ **Ropa y calzado usado**: en contenedores gestionados por ONGs o empresas autorizadas.

Nota

A continuación, se explican los principales grupos de **residuos no reciclables** que deben gestionarse por otras vías (como valorización energética, eliminación controlada o tratamiento especial).

Residuos sanitarios infecciosos

- ▶ Materiales contaminados procedentes de hospitales, clínicas o laboratorios (gasas, jeringuillas, guantes usados, bolsas con sangre...).

- ▶ Requieren tratamiento específico (como esterilización o incineración) por riesgo biológico.

Papel y cartón sucio

- ▶ Servilletas usadas, pañuelos con restos orgánicos, cajas manchadas de grasa (como cajas de pizza).

▸ La humedad o restos de comida alteran la celulosa y hacen inviable su reciclaje.

Vidrio no apto para contenedor verde

▸ Cristales de espejo, vidrio de ventanas, vitrocerámica o cristal templado.

▸ Tienen diferentes composiciones químicas y puntos de fusión, lo que interfiere en el reciclaje del vidrio común (botellas, tarros).

Plásticos no valorizables

▸ Plásticos mezclados, multicapa (como envases de snacks o café), o muy contaminados (con restos de pintura o grasa).

▸ Su separación es costosa y la recuperación de material es muy baja.

Colillas, compresas, pañales y residuos higiénicos

▸ Contienen celulosa, plástico y residuos orgánicos, pero no son reciclables.

▸ Deben desecharse en la fracción resto (contenedor gris o similar).

Objetos con materiales combinados inseparables

▸ Zapatos, juguetes con componentes electrónicos, peluches con baterías internas...

▸ La separación mecánica es muy compleja o no rentable.

Utensilios de cocina rotos (vajilla, cerámica, porcelana)

▸ A menudo se tiran al contenedor del vidrio por error, pero no se reciclan igual que el vidrio de envases.

Cenizas, escombros pequeños o polvo de barrer

▼ Aunque son residuos inertes, no se reciclan y deben gestionarse como fracción resto o llevarse a puntos limpios si son voluminosos.

Textiles en mal estado (mojados, contaminados)

▼ Prendas manchadas de pintura, aceite o sustancias tóxicas no pueden incorporarse a flujos de reciclaje textil.

3.1.4 Valorización energética

Cuando un residuo ya no puede reutilizarse ni reciclado de forma técnica o económicamente viable, entra en juego la **valorización energética**. Este proceso permite **aprovechar el contenido energético del residuo para generar calor o electricidad**, normalmente a través de su combustión controlada en instalaciones específicas como incineradoras con recuperación energética o plantas de coincineración en cementeras.

ⓘ NOTA

Según el Reglamento de emisiones industriales (Real Decreto 815/2013), una instalación de incineración es cualquier tipo de equipo, ya sea fijo o móvil, que se use para quemar residuos mediante calor, con o sin aprovechamiento de la energía generada. Esto incluye tanto la incineración directa como otros procesos térmicos como la pirólisis, la gasificación o el uso de plasma, siempre que las sustancias resultantes también se quemen después.

Por otro lado, una instalación de coincineración es aquella cuyo objetivo principal es producir energía o fabricar productos (por ejemplo, cemento), y donde se usan residuos como combustible habitual o complementario. También se considera coincineración si los residuos reciben tratamiento térmico para su eliminación, usando las mismas técnicas que en la incineración: oxidación, pirólisis, gasificación o plasma.

Aunque genera debate por sus impactos potenciales, la valorización energética se considera preferible a la eliminación porque permite obtener un rendimiento del residuo y reducir el volumen que acaba en vertedero. Eso sí, solo debe aplicarse bajo **condiciones técnicas estrictas y con sistemas de control de emisiones**, garantizando que no se ponen en riesgo la salud ni el medio ambiente.

3.1.5 Eliminación final

En la base de la jerarquía se encuentra la **eliminación**, es decir, el vertido o destrucción del residuo sin aprovechamiento alguno. Esta opción se reserva únicamente para aquellos materiales que **no pueden tratarse de otra forma** o cuyo impacto es menor si se eliminan de manera segura. El vertido controlado en instalaciones adecuadas es el método más común, aunque en algunos casos se aplican técnicas de inertización o encapsulado.

La normativa actual obliga a reducir al mínimo esta opción, estableciendo **objetivos de desvío de residuos de los vertederos**, penalizaciones económicas (como el impuesto al vertido) y requisitos técnicos exigentes para las instalaciones. El cierre progresivo de vertederos y la mejora de su gestión se consideran pasos fundamentales hacia una economía más eficiente y sostenible.

A continuación, se exponen los **objetivos nacionales** de gestión de residuos en España (según Ley 7/2022 y normativa europea).

Reutilización y reciclado de residuos municipales

- 2025: alcanzar al menos el 55 % del peso total de residuos municipales preparados para reutilización y reciclado.
- 2030: 60 % del peso total.
- 2035: 65 % del peso total.

Reducción de residuos biodegradables en vertederos

- Reducción progresiva de residuos biodegradables destinados a vertedero respecto al nivel del año 1995:
  - 2020: máximo del 35 % respecto a 1995 (objetivo ya superado en algunas CCAA).
  - Compromiso de no superar el 10 % del total de residuos municipales en vertedero en 2035.

Reducción del uso de plásticos de un solo uso

- 2025: reducción del 50 % en peso respecto a 2022 en vasos y recipientes de alimentos de un solo uso.
- 2030: reducción del 70 %.
- Prohibición de la venta de determinados productos de plástico de un solo uso (cubiertos, platos, pajitas, bastoncillos, etc.), en línea con la Directiva (UE) 2019/904.

Reducción del desperdicio alimentario

- Objetivo de reducción del 50 % del desperdicio alimentario per cápita para 2030, desde la distribución hasta el consumo (hogares, restaurantes, etc.).
- Objetivo del 30 % en las fases de producción y transformación.

Recogida separada de fracciones específicas (mínimos obligatorios)

- Papel, metales, plásticos y vidrio: obligación desde antes de 2015.

- Biorresiduos:
  - 2022: obligatorio para municipios de más de 5.000 habitantes.
  - 2024: obligatorio para todos los municipios.

- Textiles, aceites usados y residuos domésticos peligrosos:
  - Obligación de recogida separada antes de 2025.

Residuos de envases

- Reciclaje de envases (según tipo de material):
  - 50 % para plásticos, 70 % para vidrio, 85 % para papel y cartón, 50 % para metales ferrosos, 50 % para aluminio, y 75 % para madera (todo antes de 2025).
  - Reducción de la generación de envases mediante ecodiseño y fomento del uso de envases reutilizables.

Vertido de residuos municipales

- 2035: no se debe superar el 10 % del total de residuos municipales vertidos.

¿Dónde está regulado todo esto?

- Ley 7/2022, de residuos y suelos contaminados para una economía circular.
- Directiva (UE) 2018/851, que modifica la Directiva 2008/98/CE.
- Directiva (UE) 2019/904 sobre plásticos de un solo uso.
- Reglamentos y directivas sectoriales sobre RAEE, envases, pilas, etc.

Sabías que...

La evolución del tratamiento final de los residuos urbanos en España ofrece una fotografía clara del avance —o estancamiento— hacia un modelo de gestión más sostenible. Los datos del Instituto Nacional de Estadística (INE) muestran la **distribución porcentual de residuos urbanos entre reciclado, vertido e incineración** en los últimos años, y permiten observar tanto progresos como retos pendientes. Esta información es esencial para valorar el cumplimiento de los objetivos de economía circular fijados por la Unión Europea, especialmente en lo que respecta a la reducción del vertido y el incremento de la valorización material. A continuación, se analiza cómo han variado estos porcentajes desde 2015 hasta 2022, prestando especial atención a la tendencia del reciclaje, el peso que aún conserva el vertido como método predominante y la evolución de la incineración como alternativa complementaria.

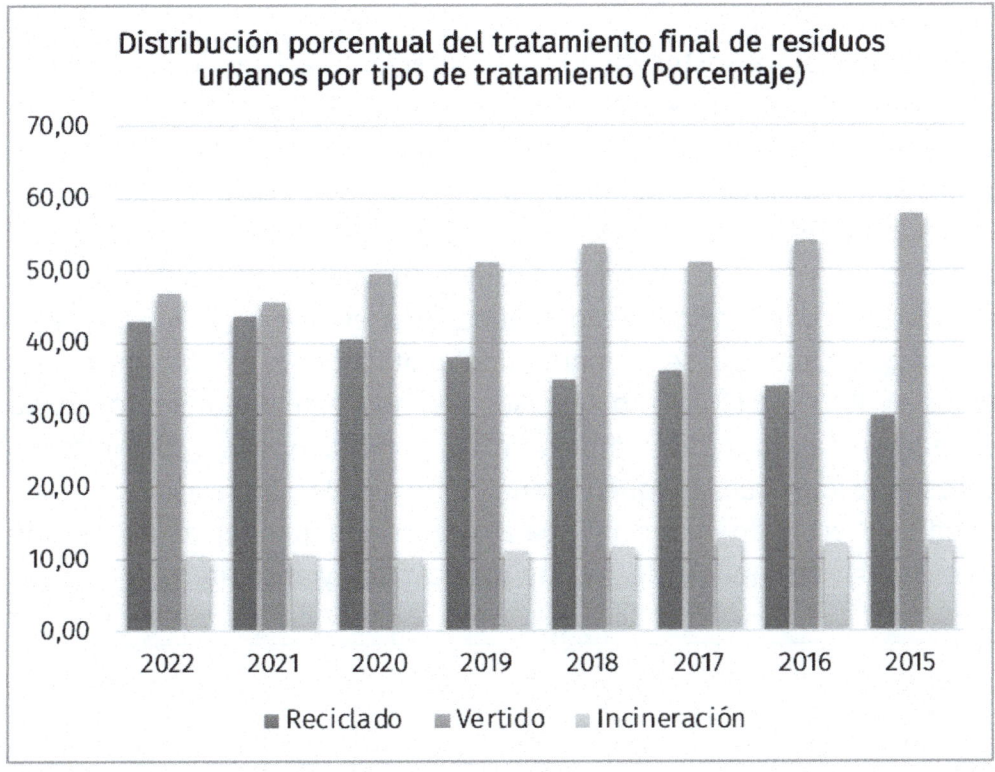

	Reciclado	Vertido	Incineración
2022	42,92	46,82	10,26
2021	43,72	45,67	10,60
2020	40,39	49,49	10,12
2019	37,96	51,05	10,99
2018	34,79	53,61	11,60
2017	36,11	51,16	12,73
2016	33,86	54,12	12,02
2015	29,79	57,76	12,45

Los datos reflejan una tendencia positiva en el aumento del **reciclado**, que ha pasado del **29,79 % en 2015** al **42,92 % en 2022**, lo que indica una mejora sostenida en la valorización material de los residuos urbanos. Sin embargo, el **vertido sigue siendo la opción más utilizada en España**, representando en 2022 un **46,82 % del total**, aunque ha descendido notablemente desde el 57,76 % registrado en 2015. Esta evolución muestra un avance, pero también evidencia que todavía se deposita en vertedero una parte muy significativa de los residuos, lo cual va en contra de las recomendaciones europeas. En cuanto a la **incineración**, su peso se ha mantenido relativamente estable, oscilando entre el 10 % y el 12 %, lo que sugiere que este tratamiento no ha experimentado grandes cambios en su implantación. En conjunto, los datos muestran que, aunque España ha progresado en reciclaje, todavía queda un recorrido importante para reducir la dependencia del vertido y consolidar un modelo de gestión más circular y eficiente.

3.2 SISTEMAS DE RECOGIDA Y TRANSPORTE

La **recogida y el transporte** son el **esqueleto de cualquier sistema de gestión de residuos**. Si esa parte no funciona bien, el resto se resiente. No se trata solo de vaciar contenedores, sino de **diseñar una logística que tenga sentido** según el tipo de residuo, el entorno en el que se genera y la infraestructura disponible. En España, **cada municipio organiza estos servicios con su propio enfoque**, aunque todos están obligados a cumplir lo que marca la **Ley 7/2022** y el **marco europeo**. Desde la **separación en origen** hasta la **entrega en una planta de tratamiento**.

3.2.1 Prerecogida y recogida selectiva

La **prerecogida** empieza en casa, en el comercio, en la oficina o en una fábrica. Consiste en **separar los residuos desde el primer momento** y **almacenarlos en condiciones adecuadas** antes de que se los lleven. Si esa primera separación es deficiente, **lo que llega a las plantas de reciclaje pierde valor** y acaba en el vertedero. Por eso es tan importante que haya **contenedores bien diferenciados, formación, señalización clara** y **campañas de concienciación continuas**.

En cuanto a la **recogida selectiva**, es el paso lógico tras la separación en origen. Como ya sabemos, en España se usa un **sistema de colores para contenedores**: el **azul** para papel y cartón, el **amarillo** para envases, el **verde** para vidrio, el **marrón** para orgánica y el **gris** para la fracción resto. Además, hay **recogidas específicas** para aceites usados, ropa, medicamentos, residuos de aparatos eléctricos, pilas, pinturas o escombros. Algunas ciudades han implantado **recogidas puerta a puerta**, otras apuestan por **sistemas neumáticos** o **contenedores inteligentes con tarjeta identificativa** para premiar a quienes reciclan bien.

En **áreas rurales**, los medios cambian: **menos frecuencias, puntos de recogida agrupados** o **sistemas móviles**. Lo importante es que la recogida selectiva **esté bien organizada y se adapte a la realidad del entorno**, no que se copie un modelo urbano que luego no funciona fuera de las ciudades.

3.2.2 Vehículos, rutas y logística

El **tipo de residuo condiciona el tipo de vehículo.** No es lo mismo recoger residuos orgánicos que aceites industriales o tubos fluorescentes. Hay **camiones recolectores con sistemas de compactación, cisternas para líquidos, furgones para residuos peligrosos** o **camiones grúa para voluminosos.** Los vehículos tienen que estar **en buen estado,** ser **seguros** y cumplir los **requisitos que marque la autorización correspondiente.**

Tipo de residuo	Tipo de vehículo utilizado	Características
Residuos orgánicos (biorresiduos)	Camión recolector de carga trasera o lateral con compartimento estanco	Sistema de control de olores, compartimentos ventilados
Envases ligeros (plásticos, latas, briks)	Camión recolector compacto con sistema neumático o mecánico	Ligero, maniobrable, con sensores de llenado
Vidrio	Camión con grúa y contenedores tipo iglú	Grúa hidráulica, sistema antivibración, vidrio separado
Papel y cartón	Camión de caja cerrada con sistema de prensado	Protección frente a humedad, sin compactación excesiva
Residuos peligrosos	Furgón especializado con aislamiento y contenedores específicos	Etiqueta de peligrosidad, control GPS, personal formado
Aceite vegetal usado	Camión cisterna estanco	Depósitos herméticos, sistemas de vaciado seguro
RAEE (residuos eléctricos y electrónicos)	Furgón cerrado con compartimentos y sujeciones internas	Aislado térmicamente, protegido contra golpes y movimientos

Tipo de residuo	Tipo de vehículo utilizado	Características
Residuos voluminosos	Camión grúa con plataforma o caja abierta	Carga lateral o superior, sujeción con correas
Escombros y residuos de construcción y demolición (RCD)	Camión basculante o bañera reforzada	Reforzado, con sistema de descarga trasera, protección del suelo
Residuos sanitarios	Furgón isotermo o camilla especial con separación por tipos	Desinfección periódica, EPI para operarios, señalización visible
Residuos líquidos industriales	Camión cisterna con sistemas de seguridad y control de derrames	Válvulas de seguridad, doble compartimento, documentación obligatoria

Diseñar bien las rutas es igual de importante. Un recorrido mal planificado puede suponer **más gasto, más emisiones** y **menos eficiencia**. Por eso cada vez se usan más **herramientas digitales** que permiten **optimizar recorridos, controlar el llenado de los contenedores** o **adaptar los turnos de recogida** según la época del año o el día de la semana. Muchas flotas están empezando a incorporar **vehículos eléctricos o híbridos**, sobre todo en **ciudades con zonas de bajas emisiones**.

Además, hay que tener en cuenta que **algunos residuos necesitan condiciones de transporte muy específicas**. Por ejemplo, los **residuos peligrosos deben ir en envases homologados**, con **etiquetado visible**, con el **Documento de Identificación (DI)** correctamente cumplimentado y a través de **empresas autorizadas**. Si se incumple algo de esto, **las sanciones pueden ser muy elevadas**.

Sabías que...

Las herramientas digitales que permiten optimizar las rutas de recogida de residuos y mejorar la eficiencia del servicio se enmarcan dentro del ámbito de la gestión inteligente de residuos o Smart Waste Management.

Sistemas de gestión y optimización de rutas

Estas plataformas utilizan algoritmos de planificación avanzada, datos históricos y geolocalización para diseñar rutas más eficientes. Por ejemplo, algunas soluciones destacadas:

- ▼ Evreka: plataforma internacional que incluye módulos de planificación de rutas, control de flotas, gestión de puntos de recogida y análisis de eficiencia.

▼ Veridis: solución digital que permite optimizar la recogida selectiva.

▼ Rosmiman Smart City: software de gestión de activos urbanos.

Sensores de llenado y contenedores inteligentes

Se colocan sensores en los contenedores para conocer su estado en tiempo real y evitar desplazamientos innecesarios. Las rutas se actualizan según el nivel de llenado. Por ejemplo:

▼ Libelium: empresa aragonesa especializada en IoT que ofrece sensores para monitoreo del nivel de residuos.

Sistemas integrados de control y gestión

Ecoembes a través de su plataforma RECICLOS y sistemas de trazabilidad, ayuda a municipios y empresas a conocer mejor el rendimiento del sistema y a ajustar los recursos.

Control de flotas y vehículos

▸ GPS y telemetría en tiempo real: permiten ver la ubicación de cada vehículo, controlar consumos, paradas, incidencias o desvíos.

▸ Gestión del mantenimiento preventivo: integrado en el software de flota para alargar la vida útil de camiones recolectores.

▸ Integración con vehículos eléctricos o híbridos: muchas plataformas permiten elegir rutas que favorezcan el rendimiento de baterías o limiten la circulación por zonas restringidas.

Artículo

En el artículo titulado *"Smart Waste: aplicando el internet de las cosas a la gestión de residuos"*, se explica cómo la empresa tecnológica Minsait, perteneciente a Indra, ha trabajado junto con Ecoembes para crear una plataforma inteligente que revoluciona la forma en que se gestionan los residuos en España. Esta solución se basa en el uso de Internet de las Cosas (IoT), Big Data y tecnología en la nube (Cloud) para conectar todos los elementos implicados en la recogida y tratamiento de residuos. El sistema involucra a ayuntamientos, empresas gestoras y ciudadanos, y está diseñado para mejorar la eficiencia, reducir costes y minimizar el impacto ambiental.

La plataforma, llamada Sofía2, permite recopilar datos en tiempo real desde distintos puntos del sistema: contenedores, camiones de recogida, censos poblacionales o bases de datos como el Catastro. Gracias a los sensores instalados en los contenedores (que miden el volumen de llenado), en los propios camiones e incluso en el personal, es posible tomar decisiones inteligentes. Por ejemplo, ajustar las rutas de recogida de basuras solo cuando los contenedores están cerca de llenarse, o modificar la frecuencia de recogida en función de la temporada o la densidad de población en cada barrio.

El sistema permite analizar datos como los kilos depositados en cada contenedor, lo que ayuda a valorar si se necesitan más unidades en una zona concreta o si deben trasladarse a lugares de mayor uso. Además, mediante el cruce de datos con otras fuentes —como redes sociales o encuestas— se puede obtener información útil para detectar hábitos de reciclaje, zonas con baja participación ciudadana o lugares donde reforzar la sensibilización ambiental.

Una de las grandes ventajas que presenta este enfoque es que los municipios pueden acceder a esta tecnología sin necesidad de grandes infraestructuras previas. Así, cualquier ayuntamiento puede optimizar su sistema de residuos sin depender exclusivamente de modelos tradicionales. El modelo de gestión se vuelve así mucho más ágil, adaptable y conectado a las necesidades reales de cada zona.

En un futuro cercano, se prevé que estos sensores también se integren en los cestos comunitarios de los edificios e incluso en cubos domésticos, ampliando aún más la trazabilidad del residuo desde su origen. Con esta visión, la gestión de residuos pasa a formar parte de la infraestructura inteligente de las Smart Cities, donde los datos permiten tomar decisiones más sostenibles y eficaces, tanto para las administraciones como para la ciudadanía.

Este proyecto ejemplifica cómo la digitalización puede transformar un servicio tradicional como la recogida de residuos en un sistema moderno, eficiente y adaptado a los retos medioambientales actuales. Gracias al uso combinado de IoT, datos en tiempo real y análisis predictivo, se abre un nuevo camino hacia la sostenibilidad urbana y la economía circular.

3.2.3 Condiciones de seguridad y ergonomía

Las **personas que trabajan en la recogida y transporte de residuos** están expuestas a **riesgos constantes**. Desde **cortes y sobreesfuerzos** hasta la **inhalación de gases tóxicos** o la **manipulación de productos contaminantes**. Por eso es tan importante que **las condiciones de trabajo estén bien pensadas** y adaptadas a la realidad.

No basta con dar **equipos de protección**. Los vehículos deben tener **plataformas elevadoras**, **sistemas automáticos de carga**, **compartimentos separados según el tipo de residuo** o **mecanismos que reduzcan el contacto directo**. También es clave **formar bien al personal**, tanto en **prevención de riesgos** como en el **uso de los equipos**. Y si se trata de **residuos peligrosos**, deben recibir **formación específica** sobre cómo actuar en caso de **derrame, accidente o contaminación**.

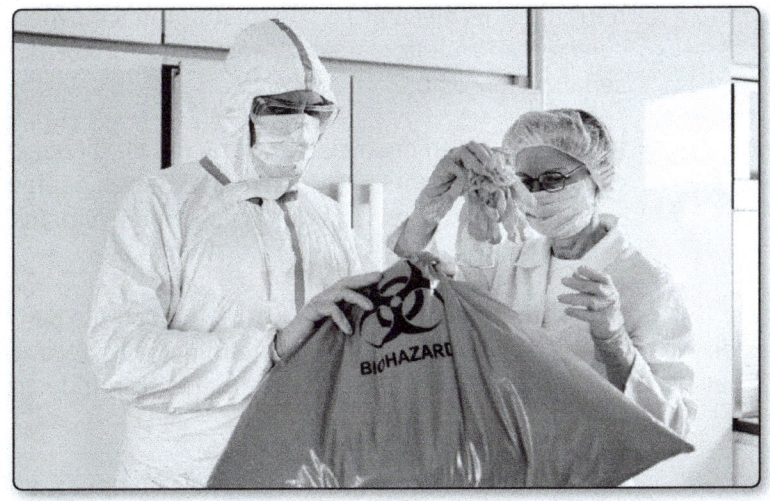

A todo esto se suma el **aspecto ergonómico**. Un diseño mal pensado en la **cabina del camión** o en el **sistema de carga** puede generar **lesiones a largo plazo**. **Trabajar en condiciones seguras** no es solo una obligación legal, es **una forma de cuidar a quienes mantienen el sistema en marcha cada día**.

Área de aplicación	Condiciones de seguridad requeridas	Condiciones de ergonomía recomendadas
Recogida manual de residuos	Uso obligatorio de EPI (guantes, botas con puntera, chaleco reflectante)	Sistemas de carga automática o semiautomática, reducción de movimientos repetitivos
Transporte de residuos peligrosos	Etiquetado de residuos, formación específica, documentación DI, vehículos homologados	Diseño de vehículos con acceso cómodo y compartimentos adaptados
Almacenamiento temporal en instalaciones	Señalización clara, control de accesos, sistemas de ventilación o contención de gases	Ubicación estratégica de contenedores, altura adecuada para manipulación
Manipulación de residuos voluminosos	Manipulación con grúas o herramientas mecánicas, sujeción adecuada, señalización visible	Posturas neutras, uso de plataformas móviles o regulables
Tratamiento de residuos en planta	Protocolos de emergencia, cámaras de vigilancia, zonas delimitadas y ventiladas	Rotación de tareas, pausas programadas, equipos con bajo nivel de vibración
Clasificación en plantas de reciclaje	Separación de materiales, mesas de trabajo ergonómicas, protección auditiva y ocular	Altura ajustable de cintas, iluminación adecuada, superficies antideslizantes
Gestión de residuos sanitarios	Contenedores especiales, formación en bioseguridad, sistemas de esterilización y desinfección	Espacios amplios, equipos ligeros, formación sobre higiene postural
Trabajo en vertederos controlados	Vigilancia continua, control de lixiviados, rutas seguras y controladas	Zonas de descanso, vigilancia sanitaria periódica, movilidad reducida del trabajador

Área de aplicación	Condiciones de seguridad requeridas	Condiciones de ergonomía recomendadas
Uso de maquinaria pesada	Cabinas protegidas, mantenimiento periódico, barreras de seguridad en maniobras	Cabinas con aire acondicionado, asientos ergonómicos, joystick de control
Tareas de limpieza y mantenimiento de contenedores	Limpieza con productos homologados, guantes de protección química, zonas delimitadas	Diseño ergonómico de útiles de limpieza, formación continua en manejo seguro

3.3 TECNOLOGÍAS DE TRATAMIENTO

La fase de tratamiento es uno de los puntos más técnicos de todo el proceso de gestión de residuos. En este momento es cuando se decide **qué hacer con los residuos una vez han sido recogidos y clasificados**. La elección de una tecnología u otra depende de **la naturaleza del residuo**, **su estado físico y químico**, **el potencial de aprovechamiento** y, por supuesto, **el marco normativo que regula cada tipo de tratamiento**. En España, las tecnologías disponibles están bien desarrolladas, y su uso está orientado a **maximizar la recuperación de recursos**, reducir el impacto ambiental y cumplir con los **objetivos europeos de economía circular**. Entre las más utilizadas destacan el **compostaje**, la **incineración con recuperación energética**, el **vertido controlado** y otras formas de **valorización innovadora**.

3.3.1 Compostaje

El **compostaje** es una tecnología biológica que permite **transformar los residuos orgánicos en abono natural**, mediante un proceso de descomposición controlada en presencia de oxígeno. Se trata de una de las opciones más sostenibles para tratar la **fracción orgánica de los**

residuos municipales, restos vegetales, residuos agroalimentarios o lodos de depuradora estabilizados.

El proceso se puede realizar de forma **industrial en plantas especializadas**, o a pequeña escala mediante **compostaje doméstico o comunitario**, cada vez más extendido en zonas rurales y urbanizaciones. Para que el compost obtenido sea de buena calidad, es necesario **controlar parámetros como la humedad, la temperatura, el oxígeno o la proporción entre carbono y nitrógeno**. Si todo va bien, se obtiene un **compost estabilizado y libre de patógenos**, que puede utilizarse en jardinería, agricultura ecológica o restauración de suelos degradados.

Esquema del proceso de compostaje

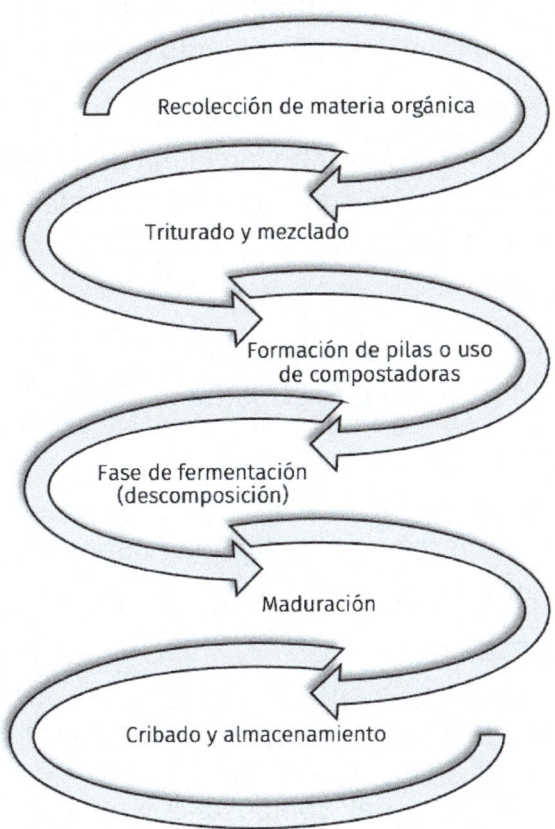

1. **Recolección de materia orgánica**

   Restos de comida, poda, residuos vegetales y otros residuos biodegradables se recogen de hogares, jardines y centros de producción.

2. **Triturado y mezclado**

   Los residuos se trituran para homogeneizarlos y se mezclan equilibrando materiales secos (ricos en carbono) y húmedos (ricos en nitrógeno).

3. **Formación de pilas o uso de compostadoras**

   Los residuos se depositan en pilas, lechos estáticos o compostadoras cerradas, facilitando el acceso al oxígeno.

4. **Fase de fermentación (descomposición)**

   Microorganismos descomponen la materia orgánica, generando calor. Es necesario controlar la humedad, temperatura y oxigenación.

5. **Maduración**

   El material se estabiliza y madura durante varias semanas o meses, reduciendo su toxicidad y mejorando su calidad como abono.

6. **Cribado y almacenamiento**

   El compost se criba para eliminar impurezas y se almacena hasta su uso. El producto final es un fertilizante orgánico listo para aplicar.

En España, muchas comunidades autónomas han empezado a **implantar la recogida separada de biorresiduos**, lo que permite aumentar el rendimiento del compostaje y reducir el volumen de residuos que acaba en el vertedero.

3.3.2 Incineración con recuperación energética

La **incineración con recuperación energética** consiste en **quemar residuos en instalaciones específicas** con el objetivo de generar **energía térmica o eléctrica**. A diferencia de la simple combustión sin aprovechamiento, este tipo de plantas incorpora sistemas que permiten **recuperar la energía del proceso**, ya sea para alimentar redes de calefacción urbana o para generar electricidad que se vierte a la red.

Esta tecnología se utiliza principalmente para tratar residuos **que no pueden reciclarse** por su composición o estado, y que tienen **poder calorífico suficiente**. Para que sea viable desde el punto de vista ambiental, las plantas deben disponer de **sistemas avanzados de depuración de gases**, control de partículas, tratamiento de escorias y vigilancia continua de emisiones. En España hay varias plantas de este tipo, situadas en zonas metropolitanas, que funcionan bajo **autorizaciones ambientales integradas** y con un **régimen estricto de control**.

Nota

A continuación, se presentan algunos residuos comunes en incineración con recuperación energética.

Residuos mezclados o fracción resto

▸ Residuos domésticos que no pueden reciclarse: colillas, polvo de barrer, compresas, pañales, textil no reutilizable, servilletas sucias...

▶ Aunque contienen materiales orgánicos y plásticos no separables, aportan poder calorífico aprovechable.

Rechazos de plantas de reciclaje

▶ Materiales que no pueden separarse o clasificarse adecuadamente tras pasar por plantas de tratamiento (plásticos contaminados, envases multicapa, metales con restos orgánicos...).

▶ En lugar de acabar en vertederos, se incineran para generar energía.

Residuos industriales no peligrosos con contenido energético

▶ Residuos de procesos industriales (embalajes contaminados, restos de goma, cuero sintético, trapos impregnados...).

▶ Pueden aprovecharse térmicamente si cumplen requisitos técnicos.

Lodos deshidratados de depuradoras

▶ Aunque no todos, algunos lodos urbanos o industriales deshidratados tienen suficiente poder calorífico para incinerarse con recuperación energética.

Residuos sanitarios no infecciosos

▶ Materiales sanitarios que no implican riesgo biológico pero que no pueden reciclarse (ropa quirúrgica desechable, guantes sin contaminar, materiales plásticos de un solo uso).

▶ Se incineran en plantas especiales que aprovechan el calor generado.

Rechazos del tratamiento de residuos electrónicos o pilas

▼ Componentes no recuperables del proceso de descontaminación, sin metales pesados.

▼ Algunos plásticos técnicos y carcasas se destinan a incineración.

¿Qué residuos no pueden ir a incineración?

▼ **Residuos peligrosos sin tratamiento previo**, como residuos con metales pesados volátiles, materiales radioactivos o productos químicos altamente reactivos.

▼ **Vidrio, escombros y residuos inertes**, porque **no aportan energía** al proceso.

▼ **Residuos reciclables separados correctamente**: papel, cartón, vidrio, metales, envases ligeros... si ya están clasificados, deben priorizarse otras opciones.

Aunque se trata de una opción controvertida desde el punto de vista social, la incineración con recuperación energética permite **reducir significativamente el volumen de residuos** y **evitar el uso de combustibles fósiles**, cuando se gestiona bajo parámetros ambientales exigentes y se priorizan residuos no reciclables.

3.3.3 Vertido controlado

El **vertido controlado**, también conocido como **depósito en vertedero**, es la opción de tratamiento menos deseable según la jerarquía de residuos, pero **sigue siendo necesaria para una parte de los residuos que no pueden valorizarse**. Los vertederos actuales están regulados por **normas europeas y estatales muy estrictas**, y deben contar con **infraestructuras técnicas que eviten la contaminación del entorno**.

Entre los elementos clave de un vertedero moderno se incluyen **sistemas de impermeabilización del suelo, drenaje de lixiviados, captación de gases, sellado final y control postclausura**. Muchos vertederos en España están ya equipados con **sistemas de captación de biogás**, que se puede utilizar para generar energía, y con **instrumentos de seguimiento ambiental** que permiten controlar los impactos durante décadas después del cierre.

El **uso del vertedero como destino final para los residuos** ha dejado de ser una opción fácil y barata. La normativa española, especialmente a partir de la **Ley 7/2022, de residuos y suelos contaminados para una economía circular**, establece medidas claras para **reducir progresivamente la dependencia del vertido** como método de eliminación. Una de las más destacadas es la **introducción del impuesto estatal sobre el depósito en vertedero, la incineración y la coincineración**. Este impuesto es de tipo indirecto y se aplica cuando se entregan residuos a vertederos, o a instalaciones de incineración o coincineración, tanto para eliminación como para valorización energética. Su objetivo principal es desincentivar estas prácticas, promoviendo acciones más sostenibles como la prevención, la reutilización y el reciclaje, con especial atención a la fracción orgánica. De este modo, se busca redirigir la gestión de residuos hacia modelos más eficientes y respetuosos con el medio ambiente.

Ámbito de aplicación y compatibilidad jurídica

El impuesto se aplica en todo el territorio español, aunque se respeta la singularidad fiscal del País Vasco y Navarra mediante sus regímenes forales. Además, la aplicación del impuesto debe interpretarse sin interferir con tratados y convenios internacionales que formen parte del ordenamiento jurídico español.

Definiciones y conceptos clave

El texto legal define con precisión qué se entiende por instalaciones de incineración y coincineración, vertederos, residuos municipales, peligrosos o inertes, y también términos como "rechazos" (residuos que no han podido valorizarse tras tratamiento). Estas definiciones permiten delimitar claramente el hecho imponible y aplicar el impuesto de forma homogénea.

Hecho imponible y exenciones

El impuesto se devenga cuando los residuos son entregados a vertederos o instalaciones de incineración o coincineración. No obstante, existen varias exenciones: por ejemplo, cuando la entrega responde a causas de fuerza mayor, como catástrofes; cuando los residuos ya han tributado previamente; o cuando su eliminación está legalmente obligada. También se eximen algunos residuos inertes destinados a obras de restauración y los resultantes de determinadas operaciones de tratamiento no intermedias.

Base imponible y cuota del impuesto

La base imponible se determina en función del peso de los residuos gestionados, expresado en toneladas métricas. La cuota a pagar se calcula aplicando tipos impositivos específicos según el tipo de instalación y de residuo. Por ejemplo, para residuos municipales depositados en vertederos no peligrosos se fijan 40 €/tonelada, mientras que para residuos incinerados con fines de valorización (operaciones R01) se establecen tarifas entre 4 y 15 €/tonelada. Las comunidades autónomas pueden incrementar estos tipos si lo consideran necesario.

Obligaciones formales y gestión del impuesto

Los gestores de vertederos y plantas de incineración deben llevar un registro detallado del peso y tipo de residuos, lo que puede realizarse a través del archivo cronológico ya exigido por la ley. Además, deben presentar trimestralmente una autoliquidación telemática e inscribirse en un registro específico del impuesto. La veracidad de los datos debe garantizarse mediante sistemas de pesaje homologados, cuya instalación y mantenimiento corresponde a los gestores.

Infracciones y sanciones

La ley considera infracción grave no inscribirse en el registro territorial del impuesto, lo que conlleva una sanción de 1.000 euros. Para el resto de los incumplimientos, se aplican las sanciones previstas en la Ley General Tributaria.

Distribución de la recaudación

Por último, la recaudación obtenida por este impuesto se distribuye entre las comunidades autónomas según el lugar donde se generen los hechos imponibles. Esto permite que los territorios que gestionan más residuos obtengan mayores recursos para invertir en medidas de gestión y prevención.

3.3.4 Otras formas de valorización

Más allá del reciclaje o la valorización energética, existen **otras tecnologías emergentes** que están ganando protagonismo en la gestión de residuos. Algunas de ellas se basan en **procesos fisicoquímicos**, como la **pirólisis**, que descompone residuos orgánicos a alta temperatura en ausencia de oxígeno para obtener **gas combustible, aceites y carbón vegetal**. Otras apuestan por la **digestión anaerobia**, que permite generar **biogás y digestato** a partir de residuos biodegradables, como los procedentes de la industria alimentaria o el canal HORECA.

También se están desarrollando tecnologías de **separación avanzada**, que permiten extraer materiales valiosos a partir de residuos complejos, como los **residuos electrónicos** o **los vehículos fuera de uso**, aplicando técnicas como la **flotación, los campos magnéticos o el reconocimiento óptico**.

En el marco de la economía circular, se están impulsando cada vez más los **centros de preparación para la reutilización**, donde se reacondicionan productos, piezas o componentes que pueden volver al mercado. Estas instalaciones combinan **valor social, ambiental y económico**, y fomentan un cambio de modelo hacia **una gestión basada en el aprovechamiento completo del residuo**.

3.4 MINIMIZACIÓN DE RESIDUOS Y PRODUCCIÓN LIMPIA

La minimización de residuos es uno de los pilares de la gestión moderna orientada a la sostenibilidad. En lugar de esperar a que el residuo se genere para luego tratarlo o eliminarlo, este enfoque plantea actuar **desde el origen, reduciendo la cantidad de residuos generados** y **evitando la contaminación desde el inicio del proceso productivo**. Esto implica cambiar la forma en que se diseñan, fabrican y gestionan los productos y servicios, favoreciendo métodos más eficientes, limpios y respetuosos con el entorno.

La **producción limpia** se basa en un principio simple: **prevenir es más eficiente que corregir**. Aplicar este concepto en la práctica exige revisar procesos industriales, mejorar el rendimiento energético, sustituir materias primas contaminantes, repensar el diseño de productos o adoptar medidas internas que reduzcan mermas, rechazos y residuos innecesarios. La legislación española, alineada con las directivas europeas, fomenta este tipo de prácticas a través de incentivos, obligaciones y planes específicos de prevención y eficiencia. A esto se suman certificaciones voluntarias, como las ISO 14001 o EMAS, que reconocen a las organizaciones que aplican políticas ambientales integradas.

3.4.1 Mejores técnicas disponibles (MTD)

Según la **Directiva 2010/75/UE** sobre emisiones industriales, las **Mejores Técnicas Disponibles (MTD)** se definen como aquellas prácticas técnicas que representan el nivel más eficaz y avanzado en el desarrollo de una actividad industrial. Se consideran útiles para establecer los **límites de emisión** y otras condiciones que deben incluirse en los **permisos ambientales**, con el objetivo de **evitar o minimizar las emisiones contaminantes y su impacto global sobre el medio ambiente**.

En este contexto, el término **"técnicas"** abarca tanto la tecnología empleada como la manera en que una instalación está diseñada, construida, operada, mantenida y eventualmente clausurada. Por su parte, se entiende por **"técnicas disponibles"** aquellas que se han desarrollado lo suficiente como para poder aplicarse de forma práctica y realista en el sector industrial correspondiente, siempre que resulten **viables desde el punto de vista técnico y económico**, y considerando tanto los **costes como los beneficios ambientales**.

El calificativo de **"mejores"** se refiere a aquellas técnicas que permiten alcanzar un **elevado nivel de protección del medio ambiente en su conjunto**.

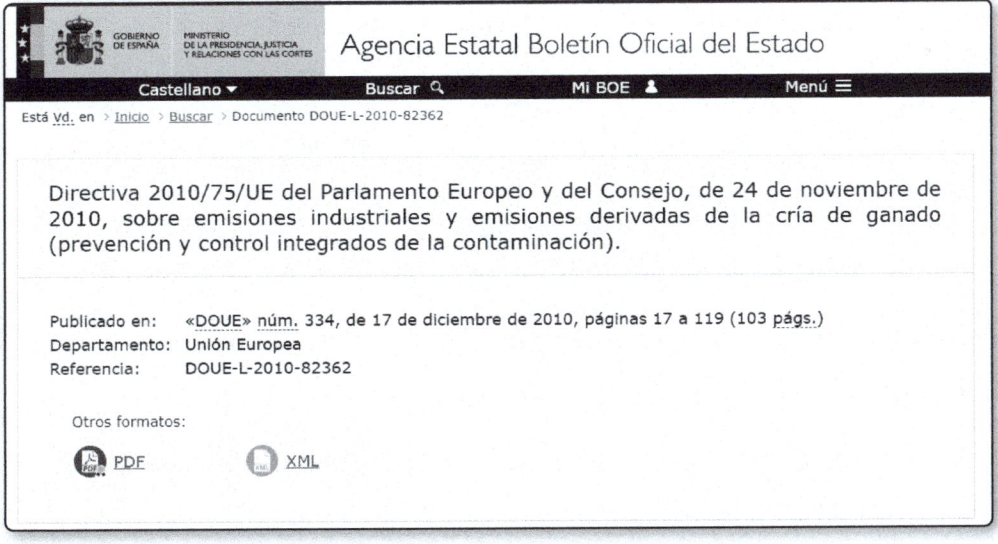

Por ejemplo, en una planta de tratamiento de aguas residuales, una MTD puede consistir en la **mejora de la digestión anaerobia para aprovechar el biogás** o en la **optimización del secado de lodos para reducir volumen**. En una fábrica textil, puede aplicarse mediante el **uso de tintes menos tóxicos** o la **recirculación de aguas de lavado**. Estas prácticas no son teóricas: muchas ya se aplican en empresas españolas con resultados positivos tanto en impacto ambiental como en costes de producción.

Sector industrial	Ejemplo de MTD aplicada	Beneficio ambiental
Tratamiento de aguas residuales	Mejora de la digestión anaerobia para aprovechar el biogás	Reducción de emisiones de gases y generación de energía renovable
Industria textil	Uso de tintes de baja toxicidad y recirculación de aguas de lavado	Menor contaminación del agua y reducción del consumo hídrico
Fabricación de papel	Optimización del uso de agua y recuperación de fibras en circuito cerrado	Menor consumo de materias primas y reducción de residuos sólidos
Gestión de residuos	Clasificación avanzada de residuos para maximizar la valorización	Mayor tasa de reciclaje y reducción de residuos enviados a vertedero
Industria química	Sustitución de disolventes peligrosos por alternativas menos contaminantes	Reducción de emisiones tóxicas y mejora de la seguridad laboral
Producción de alimentos	Aplicación de técnicas de limpieza en seco y reducción de desperdicio en línea	Disminución del consumo de agua y generación de residuos orgánicos

Toda esta información se recoge en los llamados **documentos BREF**, elaborados a escala europea para los distintos sectores industriales. A partir de estos BREF se redactan las **Conclusiones sobre las Mejores Técnicas Disponibles (BAT Conclusions)**, que constituyen el documento de referencia legal y técnico que deben seguir las industrias.

3.4.2 Planes de minimización

Los **planes de minimización** son documentos técnicos que recogen de forma ordenada las acciones que una organización va a poner en marcha para **reducir la generación de residuos**. Su elaboración es obligatoria para determinadas actividades industriales, especialmente aquellas que generan residuos peligrosos.

Un buen plan de minimización debe comenzar con un **diagnóstico inicial**, en el que se identifiquen los puntos críticos de generación de residuos en cada proceso. A partir de ahí, se definen medidas concretas: **mejoras en el almacenamiento, sustitución de materiales, eficiencia en el uso de agua o energía, formación del personal, rediseño de procesos, entre otros**. Cada medida debe ir acompañada de indicadores, responsables, calendario de implantación y sistema de seguimiento.

Aplicación práctica

Plan de minimización de residuos: Caso práctico de la empresa ficticia Ecotrix

Este documento recoge el plan de minimización de residuos diseñado por la empresa **Ecotrix**, una industria dedicada a la fabricación de componentes electrónicos situada en el polígono tecnológico de Tres Cantos (Madrid). Como instalación generadora de residuos peligrosos, la normativa obliga a elaborar este tipo de plan con el fin de reducir la generación de residuos en origen y optimizar la gestión de los mismos conforme a los principios de la economía circular y la jerarquía de residuos establecida por la Ley 7/2022.

Diagnóstico inicial

Se ha realizado una auditoría interna de los procesos de producción, almacenaje y transporte. De ella se extrae que los principales residuos generados en **Ecotrix** son:

- Disolventes usados procedentes de la limpieza de circuitos (residuos peligrosos).
- Residuos de embalaje (plásticos, cartón).
- Restos de soldaduras y placas defectuosas.
- Aguas residuales con carga contaminante de metales pesados.

Objetivos generales

- Disminuir en un 20 % los residuos peligrosos generados en un plazo de 2 años.
- Mejorar la separación y reciclaje del cartón y plástico generado en zonas de logística.

▼ Implementar sistemas de tratamiento in situ para minimizar los vertidos de aguas residuales contaminadas.

▼ Integrar una cultura ambiental en toda la plantilla a través de formación continua.

Medidas

Medida	Proceso afectado	Indicador de éxito	Responsable	Calendario de implantación
Sustitución de disolventes por alternativas menos tóxicas	Limpieza de componentes	% de reducción en volumen de disolvente generado	Responsable de producción	Julio– Diciembre 2025
Implantación de contenedores diferenciados y señalizados en almacén	Logística	Volumen de embalaje reciclado / total generado	Encargado de almacén	Mayo 2025
Reutilización de placas no válidas para prototipos internos	Ensamblaje	Número de placas reutilizadas mensualmente	Ingeniero de calidad	Agosto 2025
Instalación de filtro de metales pesados en aguas residuales	Área de tratamiento	Reducción de ppm de metales en vertidos	Técnico ambiental	Octubre 2025
Formación anual sobre minimización de residuos	Toda la plantilla	Nº de empleados formados / % de asistencia	Departamento de RRHH	Junio 2025 y anual

Sistema de seguimiento

Cada responsable de medida deberá elaborar un informe trimestral donde se evalúe el cumplimiento del indicador correspondiente. Estos informes serán revisados por el equipo ambiental de **Ecotrix**, que elaborará un balance anual. Si se detectan desviaciones importantes, se actualizará el plan con medidas correctoras.

Las autoridades ambientales pueden requerir estos planes como parte del expediente de autorización o durante inspecciones. En muchas comunidades autónomas, existen herramientas electrónicas para su registro y actualización. Pero más allá de su carácter normativo, los planes de minimización funcionan como una hoja de ruta útil para **mejorar el desempeño ambiental de una empresa**, detectar oportunidades de ahorro y avanzar hacia una producción más eficiente.

4

Gestión de los flujos específicos de residuos

Este capítulo examina de forma detallada los distintos tipos de residuos que requieren una gestión diferenciada, como los residuos urbanos, industriales, peligrosos, rurales o sanitarios. Se abordan sus particularidades, los riesgos asociados y las soluciones técnicas y normativas para su tratamiento y minimización.

4.1 RESIDUOS SÓLIDOS URBANOS (RSU)

Los **residuos sólidos urbanos (RSU)** son aquellos generados en las actividades cotidianas de la población dentro de núcleos urbanos y sus áreas de influencia. Se trata de desechos procedentes, principalmente, de los hogares, los comercios, pequeñas industrias no peligrosas, oficinas, servicios y del mantenimiento de espacios públicos. La gestión de estos residuos es una de las funciones básicas de los ayuntamientos, que tienen la responsabilidad de recoger, transportar, tratar y eliminar estos materiales de forma que se minimice su impacto en el entorno y se favorezca la recuperación de recursos. Su tratamiento adecuado forma parte esencial de las estrategias de economía circular y sostenibilidad medioambiental que se promueven desde la Unión Europea, y su regulación se encuentra recogida en la Ley 7/2022, de residuos y suelos contaminados para una economía circular, que marca las directrices en España.

4.1.1 Composición, tipología e impacto

Los **residuos sólidos urbanos (RSU)** comprenden una variedad de materiales generados en actividades domésticas, comerciales e institucionales. Su composición es diversa y se clasifica en varias fracciones principales, cada una con características específicas que determinan su gestión y tratamiento.

La **materia orgánica** constituye una parte significativa de los RSU. Incluye restos de alimentos, poda y otros desechos biodegradables. Esta fracción es esencial en la gestión de residuos debido a su potencial para la producción de compost o biogás mediante procesos de compostaje o digestión anaerobia. Sin embargo, si no se maneja adecuadamente, puede generar lixiviados y gases de efecto invernadero, contribuyendo al cambio climático.

Los **envases ligeros** abarcan materiales como plásticos, metales y bricks. Estos residuos se depositan en el contenedor amarillo y requieren procesos de separación y reciclaje específicos para recuperar materiales como PET, aluminio y acero. La correcta separación en origen es fundamental para evitar la contaminación de esta fracción y facilitar su reciclaje eficiente.

La fracción de **papel y cartón** incluye periódicos, revistas, cajas y otros productos similares. Depositar estos materiales en el contenedor azul permite su reciclaje y reutilización en la fabricación de nuevos productos de papel, contribuyendo a la reducción de la tala de árboles y al ahorro de recursos hídricos y energéticos.

El **vidrio**, presente en botellas y frascos, se recoge en el contenedor verde. Es un material 100% reciclable y puede reutilizarse indefinidamente sin perder calidad. El reciclaje de vidrio disminuye la extracción de materias primas y reduce el consumo energético en la producción de nuevos envases.

La **fracción resto** comprende aquellos residuos que no se incluyen en las categorías anteriores, como productos higiénicos, cerámicas o juguetes rotos. Estos desechos suelen destinarse a vertederos o incineración, ya que su recuperación es más compleja.

Además de estas fracciones principales, existen residuos específicos que requieren tratamientos particulares, como los **residuos de aparatos eléctricos y electrónicos (RAEE)**, **pilas y baterías**, **textiles**, **medicamentos** y **aceites domésticos**. Estos deben gestionarse a través de puntos limpios o sistemas de recogida especializados para evitar riesgos ambientales y sanitarios

La **tipología** de los RSU se puede dividir en varias categorías. Por un lado, están los **residuos orgánicos**, como restos de comida o jardinería; por otro, los **inorgánicos reciclables**, como envases, botellas o latas; y también los **residuos no reciclables**, que incluyen materiales compuestos o muy deteriorados.

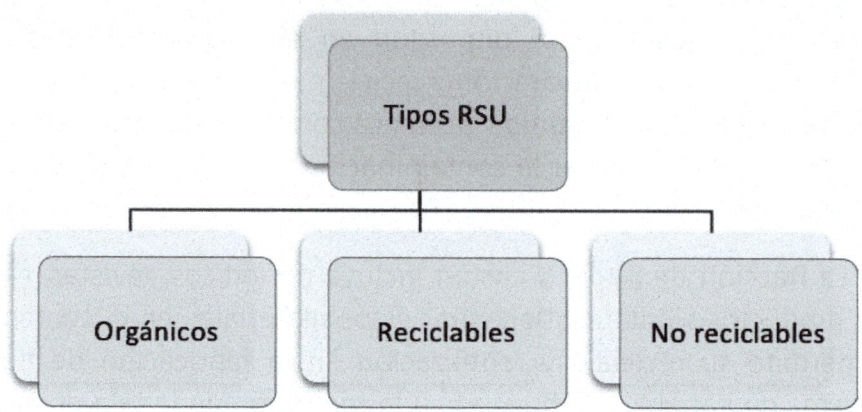

En cuanto al **impacto ambiental y social** de estos residuos, es evidente que su acumulación o eliminación inadecuada puede provocar graves consecuencias. Los vertederos sin control son una fuente de emisiones de gases de efecto invernadero como el metano, mientras que la incineración sin tratamiento puede liberar sustancias tóxicas al aire. Además, la contaminación del suelo y de las aguas subterráneas por lixiviados, o el aumento de plagas urbanas, son otros efectos negativos de una gestión deficiente. A nivel social, los RSU también influyen en la percepción de limpieza, salubridad y bienestar en los espacios públicos.

4.1.2 Sistemas de contenedores, limpieza y mantenimiento

El **sistema de contenedores** es la base sobre la que se estructura la recogida selectiva de los residuos. Como sabemos, en la mayoría de los municipios españoles se utilizan cinco tipos de contenedor: el **verde** para vidrio, el **azul** para papel y cartón, el **amarillo** para envases ligeros, el **marrón** para materia orgánica y el **gris o verde oscuro** para la fracción resto, es decir, aquellos residuos que no pueden reciclarse con facilidad. Además, existen contenedores específicos para ropa usada, aceite doméstico, pilas o medicamentos, así como puntos limpios móviles o fijos donde se pueden depositar residuos especiales o voluminosos.

Estos contenedores están fabricados con materiales resistentes a la intemperie y al uso continuado, y su diseño está adaptado para facilitar su vaciado mecanizado y evitar manipulaciones peligrosas por parte del personal de recogida. Sin embargo, para que funcionen correctamente, es fundamental su **limpieza y mantenimiento periódico**. Dejar que los contenedores acumulen residuos sin recoger o sin lavar puede derivar en olores desagradables, proliferación de insectos y una imagen negativa del entorno urbano. Los servicios municipales o las empresas concesionarias deben establecer planes de revisión, reparación y limpieza tanto de los contenedores como de las áreas donde se ubican, sobre todo en épocas de altas temperaturas o en zonas de mayor densidad poblacional.

La **gestión de residuos en las ciudades** está experimentando un cambio significativo gracias al uso de nuevas tecnologías. Lo que antes era un sistema centrado en la recogida y eliminación, hoy evoluciona hacia un modelo más eficaz, con un enfoque preventivo y conectado. Esta transformación se debe a la implantación de herramientas digitales que permiten supervisar en tiempo real lo que ocurre en cada punto del sistema: desde el llenado de los contenedores hasta las rutas que siguen los camiones o el comportamiento de los ciudadanos. Todo esto configura lo que se conoce como **gestión inteligente de residuos**, una estrategia que busca optimizar recursos, reducir costes, mejorar los resultados ambientales y generar una relación más transparente entre servicios públicos y ciudadanía.

Históricamente, los residuos urbanos se han gestionado de forma lineal: se generaban, se recogían y se enviaban a vertederos. Con el tiempo, el crecimiento de las ciudades y los problemas asociados a la acumulación de basura llevaron a implantar vertederos controlados y programas de reciclaje. Sin embargo, la operativa diaria seguía presentando deficiencias: recogidas a ciegas, rutas mal planificadas y poca información sobre los patrones de generación. Esto limitaba cualquier intento serio de mejora estructural. El salto se produce cuando la tecnología comienza a integrarse en los contenedores, los vehículos y los sistemas de gestión. Así nace una nueva manera de organizar el sistema, basada en **datos, conectividad y decisiones informadas**.

Uno de los elementos clave de esta transformación son los **sensores en los contenedores**, que miden el nivel de llenado y transmiten esa información de forma automática. Gracias a estos datos, los servicios de limpieza pueden organizar sus rutas de recogida atendiendo a la necesidad real, evitando vaciar contenedores medio vacíos o ignorar otros que están a punto de desbordarse. Además, tecnologías como las **etiquetas RFID** permiten hacer un seguimiento detallado de los contenedores, y evitar tanto su pérdida como un mal uso. A su vez, los sistemas de control centralizados integran toda esta información para que los operadores tengan una visión global y puedan **gestionar los recursos de forma más precisa y eficiente**.

Nota

Las **etiquetas RFID** (siglas de *Radio Frequency Identification*, o **Identificación por Radiofrecuencia**) son dispositivos que permiten **almacenar y transmitir información a distancia mediante ondas de radio**. Son parecidas a las etiquetas o códigos de barras, pero mucho más avanzadas, porque **no necesitan contacto físico ni lectura directa** para transmitir los datos que contienen. Se utilizan cada vez más en la gestión de residuos, logística, transporte, ganadería, ropa y control de accesos, entre otros sectores.

UHF RFID Tag

- Size: 44mmx18mm
- Read range: 0~2.5m
- Frequency: 860~960Mhz

¿Cómo funcionan?

Una etiqueta RFID está compuesta, básicamente, por **dos elementos**:

1. **Un chip electrónico**, que contiene la información (como un número identificador único).

2. **Una antena**, que permite comunicarse con un lector o receptor RFID.

Cuando un lector RFID emite una señal de radio, activa la etiqueta que se encuentra cerca (por lo general, a pocos metros), y esta le devuelve la información almacenada. Hay etiquetas **pasivas**, que se activan solo cuando reciben la señal del lector, y otras **activas**, que tienen batería propia y pueden transmitir por sí mismas.

¿Para qué se usan en la gestión de residuos?

En el contexto de la **gestión de residuos urbanos e industriales**, las etiquetas RFID permiten **identificar cada contenedor o cubo de basura de forma única y automatizada**. Esto tiene muchas aplicaciones prácticas, como:

▼ Saber cuándo y dónde se ha vaciado un contenedor.

▼ Controlar qué usuarios (como comunidades de vecinos o empresas) están reciclando correctamente.

▼ Asociar la generación de residuos a un productor concreto (por ejemplo, en sistemas de pago por generación).

▼ Evitar robos o pérdidas de contenedores.

▼ Tener un registro exacto de las rutas de recogida y de la frecuencia de uso de cada punto.

Este modelo también incorpora instalaciones que aprovechan los residuos que no pueden reciclarse para generar energía en forma de electricidad o calor. Estas plantas permiten valorizar una parte del residuo que, de otro modo, acabaría en el vertedero. Por otro lado, algunas ciudades han empezado a utilizar **inteligencia artificial** y visión por ordenador para mejorar la separación de materiales reciclables en las plantas de tratamiento. Esto agiliza el proceso, reduce errores y permite aprovechar mejor los recursos.

Un aspecto fundamental de esta estrategia es la **implicación ciudadana**. Las tecnologías por sí solas no bastan si la población no participa de forma activa. Por eso, muchas iniciativas se acompañan de campañas educativas, actividades comunitarias o sistemas de incentivos. Acciones como el compostaje doméstico, la separación correcta en origen o la colaboración en eventos de limpieza permiten construir un sistema más equilibrado. A través de la concienciación se refuerza el vínculo entre comportamiento individual y resultados colectivos, una relación esencial para que el modelo funcione.

ⓘ EJEMPLO

Ciudades como Barcelona han desarrollado sistemas donde los datos en tiempo real guían la recogida. Mediante sensores instalados en los contenedores y camiones con geolocalización, el servicio municipal organiza sus rutas según el nivel de llenado, reduciendo trayectos innecesarios y ahorrando combustible. Este tipo de estrategia ha demostrado su eficacia tanto en lo económico como en lo ambiental. También en Seúl, capital de Corea del Sur, se han incorporado tecnologías similares, además de un sistema de pago por generación de residuos. Allí, los habitantes pagan según la cantidad de residuos que producen, lo que ha incentivado el reciclaje y ha elevado la tasa de recuperación por encima del 60 %.

Además de estos beneficios ambientales, los sistemas inteligentes también tienen **impacto económico positivo**. Al optimizar las rutas de recogida, se reduce el gasto en combustible, se mejora el uso del personal y se evitan inversiones innecesarias. Por otro lado, la información recogida ayuda a tomar decisiones más ajustadas a la realidad de cada barrio o distrito, haciendo que los recursos públicos se gestionen con mayor eficacia.

4.1.3 Rutas, condiciones de trabajo y seguridad

Las **rutas de recogida de residuo**s deben estar diseñadas teniendo en cuenta la ubicación de los contenedores, el tipo de vía, la densidad de población, los horarios de menor tráfico y la capacidad de los vehículos.

Las rutas bien planificadas permiten reducir el consumo de combustible, el tiempo de trabajo y el impacto ambiental de la flota, lo cual es especialmente importante en las grandes ciudades, donde los camiones pueden generar congestión si no se organiza correctamente el servicio. Muchas empresas utilizan hoy sistemas de geolocalización y software de optimización para planificar las rutas de forma dinámica, incluso teniendo en cuenta la información en tiempo real de los contenedores inteligentes.

En relación con las **condiciones de trabajo**, el personal que se encarga de la recogida, transporte y tratamiento de residuos realiza una labor físicamente exigente y no exenta de riesgos. Por ello, es imprescindible que cuenten con la **formación adecuada en prevención de riesgos laborales**, así como con **equipos de protección individual (EPIs)** como guantes resistentes, ropa reflectante, calzado de seguridad y, en algunos casos, mascarillas o gafas. También deben respetarse los límites de carga, los tiempos de trabajo y los descansos, siguiendo la normativa vigente en materia de salud laboral.

Los riesgos más frecuentes en este sector incluyen **lesiones musculares**, **atrapamientos**, **cortes**, **exposición a sustancias tóxicas** o incluso **accidentes de tráfico**. Por este motivo, muchas empresas adoptan protocolos específicos y realizan inspecciones regulares para garantizar que los equipos mecánicos funcionen correctamente y que se respeten las medidas de seguridad en cada fase del proceso. El uso de camiones con sistemas automatizados de carga y descarga ha contribuido a reducir los esfuerzos físicos y mejorar la seguridad del personal.

Riesgo específico	Acción preventiva recomendada
Cortes con vidrio mal gestionado	Usar guantes anticorte y formación sobre segregación correcta
Exposición a lixiviados tóxicos	Utilizar EPIs impermeables y zonas de lavado diferenciadas
Inhalación de gases en vertederos	Implementar sistemas de ventilación y mascarillas con filtros adecuados
Atrapamiento con el mecanismo del camión	Formar al personal y mantener resguardos de seguridad en vehículos
Golpes por caída de contenedores	Asegurar el correcto anclaje y manipulación mecánica de los contenedores
Pinchazos con objetos punzantes	Dotar de guantes resistentes a pinchazos y protocolos de separación
Caídas por suelos resbaladizos en plantas	Aplicar antideslizantes y señalizar zonas húmedas
Sobreesfuerzos en la carga manual	Formar en técnicas de manipulación y mecanizar procesos pesados
Riesgo biológico por residuos sanitarios	Separar y etiquetar residuos sanitarios según normativa
Explosiones por residuos inflamables	Separar residuos inflamables y evitar exposición a fuentes de calor
Accidentes por vehículos de recogida	Formar en circulación segura y señalizar zonas de tránsito
Ingesta accidental de sustancias químicas	Mantener zonas limpias y con control de sustancias
Contaminación cruzada por mezcla de residuos	Etiquetar correctamente y educar en separación en origen
Riesgos eléctricos en plantas de tratamiento	Revisar instalaciones y equipos eléctricos periódicamente

Riesgo específico	Acción preventiva recomendada
Atropellos en puntos limpios	Diseñar circuitos peatonales seguros y señalizados
Ruido constante en plantas y camiones	Usar protectores auditivos adecuados
Exposición a temperaturas extremas	Proveer ropa térmica y limitar exposición prolongada
Incendios en almacenes de residuos	Instalar sistemas de detección y extintores adecuados
Riesgo de caídas en altura al revisar contenedores	Usar arneses y formación en trabajos en altura
Mordeduras de roedores en áreas de acopio	Desratizar zonas y eliminar focos de comida o humedad
Proyección de partículas en líneas de clasificación	Usar gafas de seguridad y mamparas protectoras
Contaminación de ropa de trabajo	Proveer uniformes lavables y vestuarios separados
Fatiga por turnos prolongados	Controlar tiempos de descanso y turnos razonables
Violencia verbal por parte de usuarios	Formar al personal en atención al cliente y gestión de conflictos
Errores por falta de formación técnica	Programas de formación continua en maquinaria y protocolos
Fugas de gases de envases presurizados	Revisar y almacenar adecuadamente los aerosoles
Golpes por uso incorrecto de herramientas	Formar en el uso de herramientas y supervisar su estado
Lesiones por compactadores defectuosos	Realizar mantenimiento preventivo regular de los equipos
Problemas ergonómicos en operarios de baldeo	Diseñar equipos ergonómicos y formar en su uso correcto
Riesgo químico por limpieza de contenedores	Formar al personal y usar productos de limpieza menos agresivos

La dignificación de estos empleos también pasa por reconocer la importancia de su función. A menudo, se trata de trabajos invisibilizados pero esenciales para el funcionamiento de una ciudad. Una buena gestión de los RSU no se puede entender sin valorar adecuadamente a quienes, día a día, se encargan de mantener limpia y saludable la vida urbana.

4.2 RESIDUOS INDUSTRIALES

Los **residuos industriales** son aquellos generados como consecuencia directa de procesos productivos en fábricas, talleres, centros logísticos y otras actividades del sector secundario. Su gestión plantea retos distintos a los de los residuos urbanos, debido a la diversidad de materiales involucrados, sus características físico-químicas y el riesgo que pueden suponer para la salud humana y el medio ambiente.

4.2.1 Características y clasificación

La **naturaleza de los residuos industriales** depende directamente del tipo de actividad que los produce. Una planta de galvanizado, por ejemplo, generará residuos con presencia de metales pesados, mientras que una industria alimentaria producirá restos orgánicos, grasas o aceites. Entre las características más relevantes de estos residuos se encuentran su **composición química**, su **potencial de peligrosidad**, su **volumen**, su **estado físico** (sólido, líquido o gaseoso) y su **capacidad para reciclarse o reutilizados**. Estas variables determinan el tratamiento más adecuado y el nivel de vigilancia que deben tener durante su almacenamiento, transporte y eliminación.

Esquema resumen: Residuos Industriales

1. Naturaleza de los residuos industriales

    - Depende directamente del tipo de actividad industrial que los genera:

- Planta de galvanizado → Residuos con metales pesados.
- Industria alimentaria → Restos orgánicos, grasas y aceites.

2. Clasificación legal de los residuos industriales

- Residuos peligrosos.
- Residuos no peligrosos.

3. Clasificación según origen industrial

- Clasificación según sector de procedencia:
  - Construcción.
  - Químico.
  - Metalúrgico.
  - Agroalimentario.
  - Textil.
  - Energético.
  - Farmacéutico.

La **clasificación** de los residuos industriales puede realizarse atendiendo a varios criterios. El más relevante desde el punto de vista legal es la distinción entre **residuos peligrosos** y **no peligrosos**. Los peligrosos son aquellos que contienen sustancias inflamables, corrosivas, tóxicas o contaminantes, y están catalogados específicamente en la Lista Europea de Residuos (LER). Estos requieren una gestión muy estricta, incluyendo etiquetado especial, trazabilidad documental y tratamiento en instalaciones autorizadas. Por su parte, los residuos no peligrosos son más comunes y, en muchos casos, pueden reciclarse o reutilizados. Dentro de esta categoría se encuentran restos de madera, cartón industrial, plásticos técnicos, lodos inertes, entre otros.

Otro enfoque para clasificar estos residuos es su **origen industrial**: residuos de la construcción, del sector químico, metalúrgico, agroalimentario, textil, energético o farmacéutico. Este tipo de clasificación es útil para aplicar estrategias sectoriales de reducción y para fomentar tecnologías más limpias adaptadas a cada ámbito productivo.

4.2.2 Gestión, tratamiento y minimización

La **gestión de los residuos industriales** es un proceso que abarca desde su generación hasta su destino final. Comienza en el propio centro de producción, donde es obligatorio establecer sistemas internos de recogida y clasificación adecuados. Posteriormente, deben almacenarse temporalmente en condiciones que eviten filtraciones, derrames o reacciones peligrosas. La empresa generadora tiene la responsabilidad de **documentar correctamente** todos los movimientos de estos residuos a través de hojas de seguimiento y notificaciones al registro autonómico correspondiente. Esta trazabilidad es esencial para garantizar que los residuos llegan a instalaciones autorizadas y reciben el tratamiento que corresponde según su naturaleza.

En cuanto al **tratamiento**, existen varias tecnologías disponibles. Entre las más utilizadas están el **reciclaje** de materiales aprovechables, la **valorización energética** (que convierte los residuos en combustible o electricidad), la **neutralización química**, el **encapsulado**, la **incineración con control de emisiones** y el **almacenamiento en vertederos específicos para residuos industriales**. Elegir una u otra técnica depende del tipo de residuo y de las posibilidades de la empresa o del gestor autorizado.

La **minimización en origen** se ha convertido en una estrategia prioritaria tanto por razones ambientales como económicas. Reducir la cantidad de residuos generados disminuye los costes de tratamiento, reduce la huella ecológica de la industria y mejora su imagen corporativa. Para ello, se promueve el rediseño de procesos industriales, la sustitución de materias primas por otras más limpias o reciclables, y la implementación de técnicas de producción más eficiente. En sectores punteros, como la automoción o la industria farmacéutica, se desarrollan planes internos de reducción de residuos con objetivos anuales y auditorías periódicas para verificar los avances. También se incentiva la economía circular mediante la simbiosis industrial, un modelo en el que los residuos de una empresa pueden convertirse en recursos para otra.

4.2.3 Análisis del ciclo de vida

El **análisis del ciclo de vida (ACV)** es una metodología clave para evaluar el impacto ambiental de un producto o proceso industrial desde el momento en que se extraen las materias primas hasta que el residuo es gestionado al final de su vida útil. Esta herramienta considera los residuos generados, el consumo de agua, la energía, las emisiones y otros factores ambientales asociados. En el contexto industrial, permite detectar en qué fases del proceso productivo se generan más impactos negativos y qué decisiones pueden tomarse para reducirlos.

Etapas del acv

1. Selección y extracción de materias primas

2. Diseño del producto (elección materiales sostenibles, facilidad de reciclaje

3. Fabricación (consumo de energía, agua, emisiones generadas)

4. Distribución (transporte, embalaje, emisiones asociadas)

5. Uso del producto (durabilidad, eficiencia energética, consumo recursos en uso)

6. Fin de vida útil (reciclaje, reutilización, disposición final)

Aplicar el ACV a la gestión de residuos implica revisar todas las etapas: desde la selección de materiales y el diseño del producto hasta su fabricación, distribución, uso y disposición final. Por ejemplo, una empresa puede descubrir, mediante este análisis, que una pequeña modificación en el empaquetado reduce considerablemente la generación de plásticos o facilita su reciclado posterior. El ciclo de vida también permite comparar diferentes alternativas de tratamiento. Por ejemplo, analizar si es más sostenible reciclar un residuo metálico localmente o transportarlo a otra planta para su fundición.

En España, el uso del ACV ha cobrado impulso gracias a las directrices europeas y al impulso de normativas como la Estrategia Española de Economía Circular (EEEC).

Enlace

A continuación, se facilita un enlace al Plan de Acción de Economía Circular, I PAEC 2021-2023:

https://www.miteco.gob.es/content/dam/miteco/es/calidad-y-evaluacion-ambiental/temas/economia-circular/plan_accion_eco_circular_def_nipo_tcm30-529618.pdf

Cada vez más empresas industriales adoptan este enfoque como parte de su política de sostenibilidad, integrándolo en su sistema de gestión ambiental y apoyándose en herramientas como el software SimaPro o GaBi. Además, el ACV ayuda a reducir el impacto ambiental y mejora la competitividad industrial al identificar oportunidades de ahorro y eficiencia energética, claves para un sector productivo más resiliente y preparado para los retos del cambio climático y la escasez de recursos.

4.3 RESIDUOS PELIGROSOS Y TÓXICOS

Los **residuos peligrosos y tóxicos** son aquellos que presentan una o varias características que los hacen especialmente dañinos para la salud humana o el medio ambiente. Se incluyen en esta categoría los residuos que contienen sustancias inflamables, corrosivas, reactivas, tóxicas, carcinógenas, mutágenas o ecotóxicas, entre otras. Su origen es muy variado: pueden proceder de procesos industriales, actividades sanitarias, laboratorios químicos, talleres de automoción o instalaciones de tratamiento de aguas, por citar algunos ejemplos concretos. La manipulación, almacenamiento, transporte y eliminación de estos residuos exige protocolos muy estrictos, ya que cualquier error puede tener consecuencias graves, tanto legales como medioambientales.

4.3.1 Gestión y marco normativo

La **gestión de residuos peligrosos** en España está regulada por el **Real Decreto 553/2020**, que establece el sistema de información de residuos (SIR), y por la **Ley 7/2022, de residuos y suelos contaminados para una economía circular**, que adapta la normativa española al marco europeo. Esta ley obliga a todas las empresas que generen, transporten o gestionen residuos peligrosos a cumplir una serie de requisitos específicos: desde la inscripción en el registro de productores de residuos hasta el uso obligatorio de documentación electrónica como los **documentos de identificación y las notificaciones previas de traslado**. Además, se exige un seguimiento riguroso de cada residuo desde su generación hasta su destino final, lo que se conoce como **trazabilidad**.

El tratamiento de estos residuos debe realizarse en instalaciones autorizadas por las comunidades autónomas, con procesos que garanticen la neutralización o la eliminación segura de las sustancias peligrosas. Entre los métodos más utilizados están la **incineración controlada con filtros de emisiones**, el **tratamiento físico-químico**, el **encapsulado** o la **estabilización de residuos tóxicos**, dependiendo de sus propiedades. La ley también impone la obligación de mantener **registros actualizados durante al menos tres años** y presentar informes anuales con los volúmenes gestionados, lo que permite a las administraciones públicas tener un control real de la situación.

4.3.2 Identificación, etiquetado y segregación

Cada residuo debe caracterizarse mediante un análisis que determine sus propiedades químicas y físicas, así como los riesgos asociados. Este análisis debe hacerse conforme al Reglamento (CE) n.º 1272/2008 (CLP), que armoniza la clasificación y etiquetado de sustancias y mezclas peligrosas en la Unión Europea.

Una vez identificado, el residuo debe estar **etiquetado de forma visible y duradera**, indicando claramente su código LER (Lista Europea de Residuos), los pictogramas de peligro, la naturaleza del residuo y la fecha de envasado. Este etiquetado tiene que estar presente tanto en los envases como en los documentos de transporte.

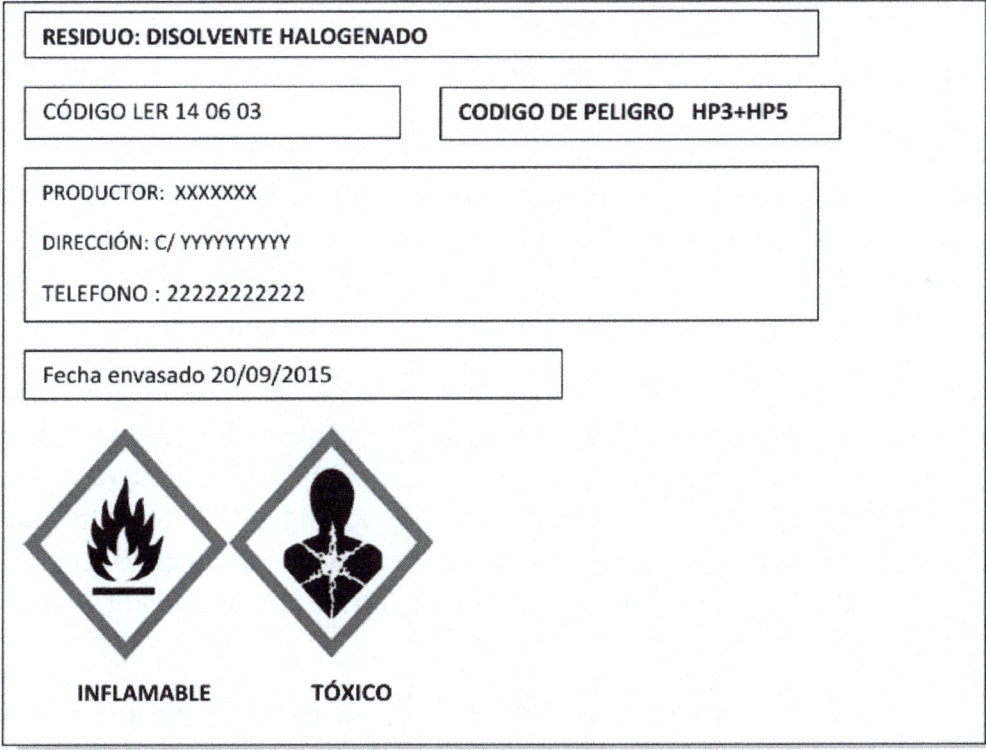

Modelo de etiqueta de residuos peligrosos proporcionado por el Ministerio
Para La Transición Ecológica Y El Reto Demográfico

Además, los residuos peligrosos no deben mezclarse entre sí ni con residuos no peligrosos, ya que esto puede generar reacciones inesperadas y complicar su tratamiento. Por ejemplo, mezclar un ácido con una base puede provocar una reacción exotérmica peligrosa; o juntar residuos que contienen metales pesados con materiales orgánicos puede impedir su valorización o requerir tratamientos mucho más costosos. Para evitar estas situaciones, es obligatorio que las instalaciones dispongan de **zonas específicas de almacenamiento**, debidamente señalizadas y con medidas de contención (cubetas, ventilación, impermeabilización, etc.).

4.3.3 Actores implicados y sus obligaciones

En la gestión de residuos peligrosos intervienen varios **actores con funciones y responsabilidades bien definidas**. El primero de ellos es el **productor del residuo**, que puede ser una empresa industrial, un hospital, un laboratorio o cualquier otra entidad que genere residuos con propiedades peligrosas. Esta figura está obligada a **identificar, clasificar, envasar, etiquetar y almacenar adecuadamente los residuos**, así como a contratar a un gestor autorizado para su transporte y tratamiento. También debe llevar un **registro cronológico** de los residuos generados y presentar la memoria anual ante la autoridad competente.

Otro agente fundamental es el **transportista autorizado**, que debe contar con vehículos adecuados, formación específica y seguros que cubran los riesgos derivados del traslado de sustancias peligrosas. El transporte debe hacerse siguiendo las rutas y condiciones establecidas por la normativa ADR, y cada movimiento debe estar respaldado por un **documento de identificación** que acredite el origen, la cantidad, la clasificación y el destino del residuo.

El **gestor de residuos peligrosos**, por su parte, es el encargado de realizar el tratamiento, valorización o eliminación del residuo. Debe estar autorizado por la comunidad autónoma correspondiente y cumplir con requisitos técnicos, de seguridad y ambientales muy exigentes.

También tiene que emitir los **certificados de tratamiento o eliminación**, que permiten cerrar el ciclo de trazabilidad.

La **Administración pública**, tanto autonómica como estatal, tiene funciones de control, inspección y sanción. Las comunidades autónomas, en particular, son las encargadas de otorgar autorizaciones, verificar el cumplimiento de las obligaciones legales y actualizar los registros de productores y gestores. Por otro lado, el **Ministerio para la Transición Ecológica y el Reto Demográfico** coordina la información a nivel nacional y elabora estadísticas oficiales sobre la generación y gestión de residuos peligrosos.

4.4 RESIDUOS RURALES (AGRARIOS Y GANADEROS)

Los **residuos rurales** comprenden todos aquellos materiales generados como resultado de las actividades agrícolas y ganaderas, tanto en explotaciones de pequeña escala como en grandes producciones intensivas. Estos residuos, si bien pueden parecer menos visibles que los urbanos o industriales, tienen una implicación directa en la **calidad del suelo, del agua y del aire** en el entorno rural. En muchas ocasiones, su mal manejo desemboca en problemas ambientales persistentes, como la contaminación de acuíferos por nitratos, emisiones de gases con efecto invernadero o acumulación de materiales plásticos no biodegradables en el campo. En España, la gestión de estos residuos está regulada por distintas normativas, entre ellas el **Real Decreto 1051/2022** sobre nutrición sostenible en suelos agrarios, la **Ley 7/2022 de residuos**, y normativas sectoriales tanto de carácter autonómico como europeo, como la Política Agraria Común (PAC) que incorpora prácticas medioambientales obligatorias.

4.4.1 Biomasa y agroquímicos

La **biomasa agraria** es uno de los principales residuos que se generan en el ámbito agrícola. Se refiere a los restos vegetales producidos tras las cosechas (como paja, ramas, tallos o cáscaras), así como a los subproductos procedentes del mantenimiento de cultivos leñosos, como los olivares, viñedos o frutales. Este tipo de residuo tiene un gran potencial energético, ya que puede transformarse mediante procesos de **compostaje**, **digestión anaerobia** o **combustión controlada** en energía térmica o eléctrica. Sin embargo, en muchos casos aún se opta por quemas no controladas que, además de estar prohibidas salvo autorización expresa por motivos fitosanitarios o de prevención de incendios, contribuyen a la degradación de la calidad del aire rural.

En paralelo, el uso de **agroquímicos** genera otro tipo de residuos con una carga ambiental y sanitaria significativa. Se trata principalmente de envases vacíos de fitosanitarios (herbicidas, fungicidas, insecticidas), productos caducados, restos de fertilizantes o aguas contaminadas tras la limpieza de maquinaria agrícola. Estos residuos están clasificados como peligrosos y su gestión está regulada por el **Real Decreto 285/2021**. Este decreto efectivamente establece que los envases vacíos de fitosanitarios, productos caducados, restos de fertilizantes y otros residuos deben gestionarse a través del sistema SIGFITO, una red de recogida específica que cubre todo el territorio español. Además, los agricultores tienen la responsabilidad de conservar los justificantes de entrega de estos residuos y deben asegurarse de no abandonarlos en la naturaleza ni quemarlos de manera incontrolada.

A pesar de los avances, en zonas rurales aisladas todavía persiste cierta informalidad en el manejo de estos residuos, lo que requiere campañas de formación y control más intensas por parte de las administraciones locales.

4.4.2 Estiércoles, purines y residuos sanitarios

En las explotaciones ganaderas, la gestión de los **residuos orgánicos animales**, como los **estiércoles y purines**, es uno de los temas más sensibles por su volumen, su potencial contaminante y su incidencia directa en la salud de los suelos y del agua. Los estiércoles sólidos suelen tener un tratamiento más sencillo, pudiendo ser compostados o aplicados directamente como fertilizante siempre que se respeten las dosis, los tiempos de aplicación y las distancias a cauces de agua. En cambio, los **purines**, que son residuos líquidos generados sobre todo en explotaciones porcinas y de vacuno, plantean mayores dificultades. Su alto contenido en nitrógeno y fósforo puede generar lixiviados que terminan filtrándose a acuíferos o provocando procesos de eutrofización en ríos y embalses.

Para abordar este problema, el Ministerio de Agricultura, Pesca y Alimentación ha establecido en coordinación con las comunidades autónomas **zonas vulnerables a la contaminación por nitratos**, donde se exige un control más estricto sobre las prácticas de aplicación de estos residuos orgánicos. Además, se promueve el uso de sistemas de almacenamiento cubiertos, balsas impermeabilizadas y tecnologías como el esparcimiento con tubos colgantes o inyectores, que reducen la evaporación de amoníaco. Las ayudas de la PAC para inversiones en gestión de purines han permitido a muchas explotaciones modernizar sus instalaciones, aunque sigue habiendo diferencias significativas entre regiones y tipos de ganadería.

Por otro lado, las explotaciones ganaderas también generan **residuos sanitarios**, especialmente en instalaciones con servicios veterinarios permanentes. Agujas, jeringas, medicamentos caducados o material de curas no pueden mezclarse con los residuos orgánicos. Estos desechos deben gestionarse siguiendo las normativas sobre residuos biosanitarios, como establece el **Real Decreto 1591/2009**, y deben entregarse a gestores autorizados que los recojan, los documenten y los eliminen mediante incineración en condiciones controladas. La falta de control en este punto puede suponer riesgos tanto para los trabajadores como para los animales y el entorno.

4.4.3 Gestión integrada

La **gestión integrada de residuos rurales** parte de una visión conjunta del ciclo de producción agrícola y ganadero, en la que los residuos dejan de verse como un problema aislado y se abordan como un elemento más del sistema productivo. Este enfoque busca conectar la producción con la sostenibilidad, aplicando medidas concretas que eviten la acumulación de residuos, promuevan su aprovechamiento y reduzcan su impacto ambiental. A diferencia de los modelos tradicionales, donde el residuo se gestionaba de forma reactiva al final del proceso, la gestión integrada propone intervenir desde el diseño de las prácticas agrícolas o ganaderas. Esto incluye la planificación de las rotaciones de cultivos, la elección de variedades menos exigentes en insumos, la reducción de productos químicos o el diseño de explotaciones que favorezcan el uso circular del agua y los nutrientes.

En el caso concreto de la biomasa, una buena planificación permite prever su aprovechamiento energético o su incorporación al suelo como materia orgánica estabilizada. En las explotaciones ganaderas, la integración implica vincular el número de animales al terreno disponible para la aplicación de estiércoles o purines, lo que evita excedentes que terminen contaminando el medio. También se contempla la reutilización de residuos como cama para animales, el uso de digestores anaerobios para producir biogás o la separación de fases líquidas y sólidas para facilitar su manejo.

La **digitalización del medio rural**, impulsada por programas europeos y estatales, está empezando a facilitar esta visión integrada. Gracias a sistemas de información geográfica (SIG), sensores en tiempo real y software de gestión agrícola, es posible monitorizar los residuos generados, prever necesidades y evitar prácticas inadecuadas. Sin embargo, el acceso a estas tecnologías aún es desigual y depende mucho del tamaño de la explotación y de la formación del personal.

> ### ⓘ NOTA
>
> Para avanzar en una gestión integrada real y efectiva, se requiere una combinación de formación técnica, apoyo económico y normativas claras, así como una mayor coordinación entre administraciones, cooperativas agrarias, colegios veterinarios y entidades del sector ambiental.

4.5 RESIDUOS SANITARIOS

Los **residuos sanitarios** son aquellos generados en actividades relacionadas con la salud humana y animal, ya sea en centros hospitalarios, clínicas, consultas, farmacias, laboratorios, veterinarias o servicios de atención domiciliaria. Su manejo inadecuado puede provocar **riesgos biológicos, químicos o físicos**, tanto para los profesionales del sector sanitario como para la población general y el medio ambiente.

4.5.1 Clasificación y gestión

La gestión adecuada de los residuos sanitarios empieza, necesariamente, por su correcta clasificación. No todos los residuos generados en un hospital, una clínica o una consulta médica tienen las mismas características ni el mismo nivel de peligrosidad. Por ello, se establece una clasificación clara para facilitar un manejo seguro y responsable.

En primer lugar, encontramos los **residuos sanitarios asimilables a urbanos**, es decir, aquellos que son similares a los generados en cualquier domicilio, como papel, cartón, restos de comida, o envases que no estén contaminados con sustancias peligrosas o agentes infecciosos. Estos residuos se gestionan exactamente igual que la basura doméstica, depositándose en los contenedores adecuados y siguiendo la normativa local sobre reciclaje y gestión de residuos.

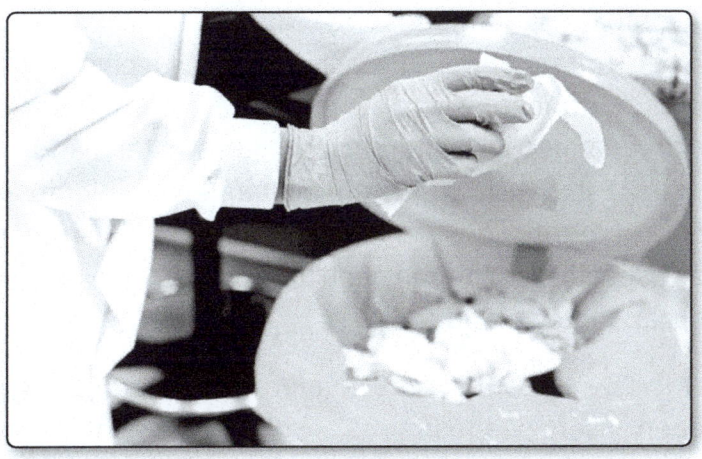

En segundo lugar, están los llamados **residuos sanitarios específicos**, que son aquellos residuos que provienen directamente de actividades sanitarias y que pueden contener materiales contaminados con sangre u otros fluidos biológicos, pero que no presentan un riesgo significativo de infección. Aquí se incluyen vendajes, gasas ligeramente manchadas o guantes usados en procedimientos médicos comunes.

Estos residuos requieren contenedores específicos—normalmente de color verde o azul, según la comunidad autónoma—y se entregan a gestores autorizados que los tratarán adecuadamente antes de su disposición final.

Luego, existen los **residuos sanitarios peligrosos**, que merecen especial atención porque presentan un riesgo potencial significativo para la salud humana o el medio ambiente. Son residuos contaminados con agentes infecciosos, como jeringuillas usadas, bisturíes, muestras de laboratorio contaminadas, cultivos microbiológicos o material procedente de pacientes con enfermedades contagiosas. Para estos residuos, se exige un estricto control: se almacenan en contenedores herméticos, rígidos y claramente señalizados, habitualmente de color rojo o amarillo, según la normativa autonómica española, y se envían a plantas autorizadas donde se esterilizan o incineran de forma controlada.

Además, existen otros tipos de residuos sanitarios especialmente delicados, como los llamados **residuos químicos o citotóxicos**, procedentes de tratamientos farmacológicos específicos, por ejemplo medicamentos antineoplásicos (utilizados en quimioterapia). Su manejo exige una gestión diferenciada y estricta, dado su elevado potencial tóxico. Estos residuos se almacenan en recipientes especiales, habitualmente identificados en color morado o etiquetados con advertencias específicas, y deben destruirse en instalaciones preparadas para neutralizar su peligrosidad.

La **gestión de estos residuos** comienza en el punto de generación, donde deben ser **depositados en contenedores específicos**, diferenciados por colores y claramente etiquetados. Cada tipo de residuo debe almacenarse en condiciones que impidan fugas, emisiones o contactos indeseados. Los contenedores deben ser estancos, resistentes a perforaciones y cerrarse herméticamente antes de trasladarse. El personal sanitario tiene la obligación de **clasificar correctamente los residuos** en origen y seguir las instrucciones de los protocolos internos establecidos en cada centro.

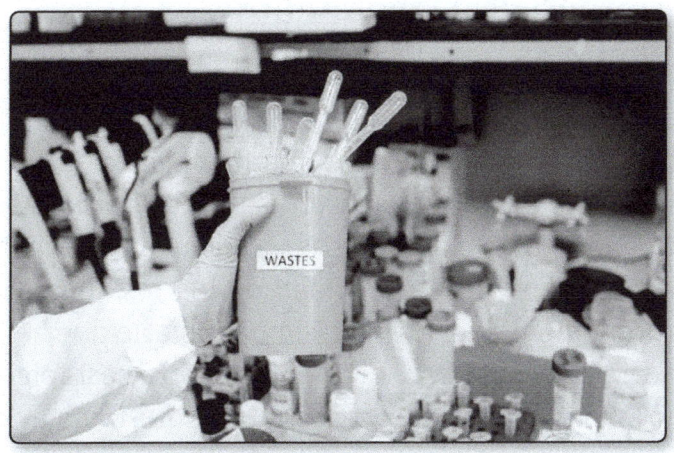

Una vez recogidos, los residuos deben ser **transportados por gestores autorizados**, que se encargan de su traslado hasta las instalaciones de tratamiento. En el caso de los residuos de Grupo III y IV, el tratamiento más habitual es la **incineración en condiciones controladas**, que garantiza la destrucción de agentes patógenos y sustancias peligrosas. Existen también técnicas de **autoclavado** (esterilización mediante vapor a alta temperatura), especialmente indicadas para residuos infecciosos no anatómicos. Todo el proceso debe quedar registrado mediante documentos de seguimiento y control, con **trazabilidad completa** desde la recogida hasta la destrucción final. Además, los centros sanitarios están obligados a conservar la documentación durante al menos tres años y a presentar una **memoria anual** ante la autoridad competente.

Uno de los retos más actuales es la **reducción de residuos sanitarios de un solo uso**, que ha aumentado significativamente durante y después de la pandemia de COVID-19. Mascarillas, guantes, batas y otros materiales desechables han generado un volumen inusualmente alto de residuos, y aunque en muchos casos son imprescindibles por razones de bioseguridad, también se están promoviendo alternativas más sostenibles dentro de los planes de economía circular aplicados al sector salud.

4.5.2 Casos especiales: laboratorios

Los **laboratorios**, tanto clínicos como de investigación biomédica, presentan particularidades que requieren una gestión diferenciada de los residuos sanitarios. Estos centros manejan **reactivos químicos, agentes biológicos, material punzante, cultivos celulares, tejidos, fluidos contaminados** y, en muchos casos, animales de experimentación o restos de los mismos. La peligrosidad de los residuos generados en laboratorios no siempre es evidente a simple vista, lo que hace necesario aplicar protocolos de identificación más rigurosos y establecer sistemas de clasificación más precisos. En los laboratorios que trabajan con **agentes biológicos de nivel 3 o superior**, por ejemplo, el material contaminado no puede abandonar el recinto sin haber sido **esterilizado in situ** mediante autoclave. De lo contrario, se incurre en un incumplimiento grave de la normativa de bioseguridad.

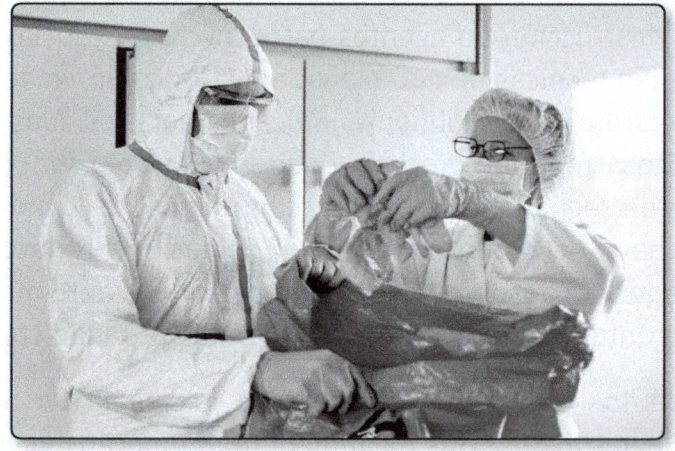

En cuanto a los **residuos químicos**, estos pueden incluir ácidos fuertes, disolventes halogenados, reactivos cancerígenos o compuestos con metales pesados. Todos ellos deben segregarse en recipientes adecuados, etiquetarse conforme al Reglamento CLP (clasificación, etiquetado y envasado de sustancias peligrosas) y almacenarse en armarios ventilados, resistentes al fuego y separados por compatibilidad.

En ningún caso se permite su vertido al sistema de saneamiento general, una práctica que lamentablemente todavía ocurre en laboratorios poco controlados. El tratamiento posterior se realiza en plantas especializadas, donde se neutralizan o destruyen según el tipo de compuesto. En algunos casos, como los residuos de mercurio o cromo hexavalente, se requiere una gestión especialmente delicada por su toxicidad persistente.

También existen residuos propios de la **actividad de investigación con animales**, como camas sucias, restos de alimento, tejidos, cadáveres o productos de limpieza contaminados. Estos residuos deben tratarse como residuos biosanitarios de riesgo, almacenarse en refrigeración hasta su recogida y transportarse bajo condiciones especiales. La gestión de residuos en laboratorios de investigación está además sujeta a auditorías internas y externas, especialmente en centros universitarios o vinculados al Sistema Nacional de Salud.

En el caso de laboratorios ubicados dentro de hospitales, la gestión se coordina con la política general del centro. Sin embargo, los laboratorios privados y centros de I+D deben disponer de sus propios **planes de gestión de residuos**, elaborados en función de la actividad desarrollada, y contar con personal responsable debidamente formado. En los últimos años se ha fomentado la **implantación de sistemas ISO 14001** en laboratorios como garantía de una gestión ambientalmente responsable, un factor cada vez más valorado en convocatorias públicas de financiación científica.

4.6 OTROS RESIDUOS ESPECÍFICOS

Dentro del conjunto de residuos generados por las distintas actividades humanas, existen ciertos tipos que, por su composición, volumen, o por el impacto ambiental que generan si no se gestionan adecuadamente, requieren **tratamientos diferenciados y protocolos de gestión especializados**. Estos residuos no encajan del todo en las categorías tradicionales (urbanos, industriales, sanitarios, etc.) y han sido objeto de legislación y planificación específica, tanto a nivel europeo como nacional. En España, su regulación se articula a través de **reales decretos y órdenes ministeriales** que desarrollan lo establecido en la Ley 7/2022, de residuos y suelos contaminados para una economía circular. Estos residuos específicos incluyen aparatos eléctricos y electrónicos, neumáticos, vehículos fuera de uso, pilas, baterías, plásticos agrícolas y lodos de depuración, entre otros. Su correcta gestión es clave para prevenir emisiones tóxicas, evitar vertidos ilegales y recuperar materias primas valiosas dentro de una lógica de economía circular.

4.6.1 RAEEs, neumáticos, vehículos fuera de uso

Los **residuos de aparatos eléctricos y electrónicos (RAEEs)** comprenden desde teléfonos móviles hasta frigoríficos, pasando por televisores, ordenadores, lavadoras, juguetes electrónicos o pequeños electrodomésticos. Su gestión está regulada por el **Real Decreto 110/2015**, que establece la obligación de recoger, separar, descontaminar y reciclar sus componentes. Los RAEEs contienen **metales pesados, plásticos técnicos, gases refrigerantes y elementos tóxicos**, como mercurio, plomo o cadmio, que requieren un tratamiento seguro y especializado.

Además, incorporan materiales escasos y valiosos como el litio, el cobalto o las tierras raras. En España, la recogida de RAEEs se realiza a través de **puntos limpios municipales, canales de distribución, campañas de recogidas periódicas y sistemas colectivos de responsabilidad ampliada del productor (SCRAPs)**. Estos sistemas permiten coordinar la recogida y el reciclaje, financiados por los propios fabricantes o importadores, quienes están obligados a cumplir objetivos anuales de recogida selectiva y valorización.

Los **neumáticos fuera de uso (NFU)**, por su parte, constituyen un residuo voluminoso y difícil de gestionar si no se aplica un sistema organizado. No son biodegradables y, si se abandonan en el medio, pueden acumular agua y convertirse en criaderos de mosquitos, además de liberar contaminantes al descomponerse o arder. Desde 2006, su gestión está regulada por el **Real Decreto 1619/2005**, que prohíbe su eliminación en vertederos y promueve su valorización. En la práctica, los neumáticos se recogen en talleres o centros autorizados y se llevan a **plantas de tratamiento**, donde pueden reciclarse para producir **granulado de caucho** usado en asfaltos, campos deportivos, suelas de calzado o materiales aislantes. También se valorizan energéticamente en cementeras. El sistema está gestionado por entidades como SIGNUS o TNU, que actúan como plataformas de coordinación entre talleres, gestores y recicladores.

Los **vehículos fuera de uso (VFU)** también requieren una gestión integral debido a la cantidad de **componentes peligrosos y valiosos** que contienen: aceites, combustibles, baterías, líquidos refrigerantes, airbag, neumáticos y metales reciclables. En España, la normativa que regula su tratamiento es el **Real Decreto 20/2017**, que establece que todo vehículo que llegue al final de su vida útil debe entregarse en un **Centro Autorizado de Tratamiento (CAT)**, popularmente conocidos como desguaces. Allí se lleva a cabo el proceso de descontaminación, desmontaje y reciclaje, que permite recuperar una parte importante de los materiales del vehículo. Además, se da de baja definitiva en la Dirección General de Tráfico. Muchos componentes son reutilizables o reciclables: los metales, por ejemplo, se funden para producir nuevos productos; los plásticos se separan por tipo y se reprocesan, y los fluidos se extraen para tratarse como residuos peligrosos.

4.6.2 Pilas, baterías, plásticos agrarios, lodos de depuración

Las **pilas y baterías usadas** son residuos de pequeño tamaño pero con un impacto ambiental desproporcionadamente alto si no se gestionan correctamente. Contienen metales pesados como mercurio, cadmio, níquel o plomo, que pueden filtrarse al agua o al suelo. Su recogida selectiva es obligatoria desde hace años en España y está regulada por el **Real Decreto 710/2015**, que establece los requisitos para su correcta recogida, tratamiento y reciclado. La gestión se organiza a través de **contenedores específicos ubicados en comercios, puntos limpios, centros educativos y edificios públicos**. Las baterías de mayor tamaño, como las utilizadas en coches eléctricos o instalaciones fotovoltaicas, requieren una gestión más compleja y especializada, y su reciclaje está siendo objeto de innovación tecnológica debido al aumento de la movilidad eléctrica y el almacenamiento de energía en viviendas.

En cuanto a los **plásticos agrarios**, su acumulación en explotaciones agrícolas plantea un reto importante, especialmente en regiones con agricultura intensiva como Almería, Murcia o Navarra. Estos residuos incluyen **film de acolchado, cubiertas de invernadero, tuberías de riego por goteo, sacos de fertilizantes y envases de fitosanitarios**. El **Real Decreto 1055/2022, de envases y residuos de envases**, obliga a los productores a asumir su recogida a través de sistemas colectivos como **SIGFITO**, que cuenta con más de 5.000 puntos de recogida en toda España. A pesar de estos esfuerzos, sigue existiendo una tasa elevada de abandono de plásticos en el medio rural, lo que genera microplásticos, contamina suelos y perjudica la biodiversidad. En algunas zonas se han empezado a utilizar **plásticos biodegradables**, aunque su precio y durabilidad aún limitan su implantación masiva.

Los **lodos de depuración** son residuos generados en las estaciones depuradoras de aguas residuales urbanas (EDAR). Aunque se originan a partir de aguas residuales, pueden valorizarse si se gestionan correctamente. Los lodos contienen **materia orgánica estabilizada, nutrientes y metales pesados**, y su uso más habitual es como fertilizante agrícola tras pasar por procesos de higienización, digestión anaerobia o compostaje. Sin embargo, este uso está condicionado a límites legales de metales pesados y contaminantes emergentes, como los **microplásticos o restos farmacéuticos**, cuya presencia ha generado controversia en los últimos años. El **Real Decreto 1310/1990** y la **Orden PRE/374/2011** establecen los criterios técnicos y analíticos que deben cumplirse para su aplicación agrícola. Cuando no se puede garantizar su calidad, los lodos deben incinerarse o depositarse en vertederos autorizados.

5

Traslado de residuos y documentación asociada

Se analizan los procedimientos legales y técnicos relacionados con el traslado de residuos, tanto a nivel nacional como internacional. El capítulo incluye la documentación exigida, los contratos de tratamiento, los tipos de traslado y las plataformas telemáticas que facilitan el control y la trazabilidad.

5.1 MARCO LEGAL DEL TRASLADO DE RESIDUOS (RD Y REGLAMENTO 1013/2006)

El **traslado de residuos**, tanto dentro del territorio nacional como entre países, está sujeto a una normativa extensa cuyo objetivo principal es **proteger la salud pública y el medio ambiente**, garantizando una gestión transparente, segura y trazable. El pilar normativo a nivel europeo es el **Reglamento (CE) n.º 1013/2006**, relativo a los traslados de residuos, en vigor desde julio de 2007. Esta norma responde a los compromisos adquiridos por la Unión Europea con el **Convenio de Basilea**, que regula los movimientos transfronterizos de residuos peligrosos. Este reglamento establece los **procedimientos de notificación, autorización previa, documentación y supervisión** que deben aplicarse dependiendo del tipo de residuo, el tratamiento previsto (valorización o eliminación), y el país de destino o tránsito.

El reglamento diferencia entre traslados dentro de la Unión Europea, importaciones, exportaciones y tránsitos. Por ejemplo, **los residuos destinados a eliminación**, así como **los residuos peligrosos o no clasificados destinados a valorización**, deben ser sometidos a **notificación previa por escrito y autorización** de todas las autoridades competentes involucradas: expedición, tránsito y destino. En el caso de residuos no peligrosos, puede bastar con un **régimen de información general**, que exige acompañar el traslado con determinada documentación, pero sin necesidad de autorización previa. El reglamento impone también la **constitución de una fianza o seguro equivalente** que cubra los costes derivados de un eventual traslado fallido, incluida la devolución y el almacenamiento durante 90 días.

En el ámbito estatal, el **Real Decreto 553/2020** establece el **sistema de información de traslados de residuos** dentro de España, armonizando su funcionamiento con los criterios europeos. Este real decreto determina que todos los traslados deben gestionarse a través de la **plataforma electrónica eSIR** (Sistema de Información de Residuos), administrada por el Ministerio para la Transición Ecológica y el Reto Demográfico. Además, el RD 553/2020 define el **documento de**

identificación (DI) como pieza obligatoria para el traslado de residuos peligrosos, residuos no peligrosos destinados a eliminación, y residuos no peligrosos sujetos a requisitos de trazabilidad. Este documento debe estar firmado por todas las partes implicadas (productor, transportista y gestor receptor) y conservarse durante **al menos tres años**.

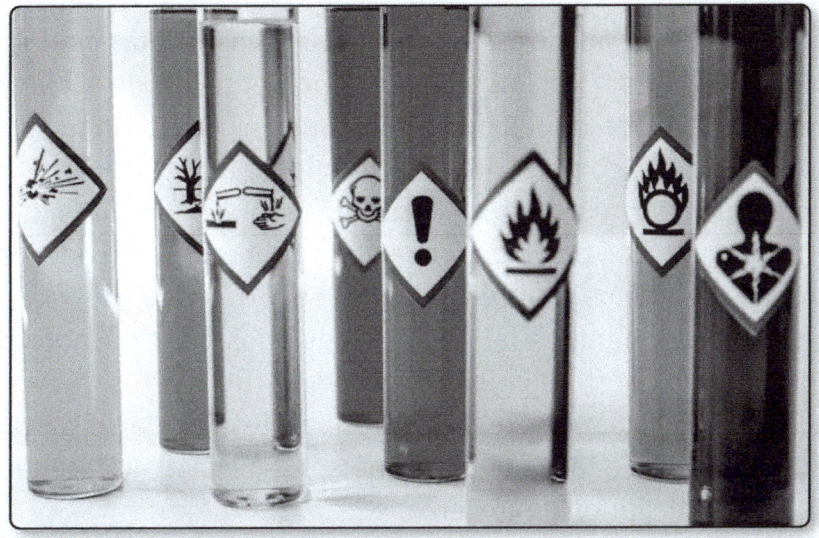

También se contemplan supuestos especiales, como los **traslados internos entre comunidades autónomas**, que deben cumplir tanto con la legislación nacional como con la de la comunidad de origen y destino. Se establece una responsabilidad compartida y jerárquica entre los agentes implicados en función de su rol (productor, transportista, destinatario, agente o negociante), con responsabilidades administrativas que pueden incluir **sanciones económicas o penales** en caso de incumplimiento, especialmente si se trata de residuos peligrosos o de traslados realizados sin autorización.

En este contexto legal y operativo, el papel de los certificados adquiere una especial importancia, ya que permiten documentar de forma oficial que los residuos se han gestionado de manera adecuada y conforme a la normativa. El certificado de gestión de residuos es un documento oficial que avala que los residuos generados por una empresa se han tratado de forma adecuada y conforme a la normativa medioambiental aplicable. Este certificado lo emiten exclusivamente gestores de residuos autorizados, quienes se encargan de confirmar que los residuos se han entregado, manipulados y gestionados correctamente, ya sea para su valorización, tratamiento o eliminación.

Este tipo de certificado puede presentarse en distintas modalidades, dependiendo tanto del tipo de residuo como del sector de actividad. Por ejemplo, el **certificado de residuos peligrosos** es aplicable a materiales que suponen un riesgo para la salud o el medio ambiente. En el ámbito de la construcción, es común el **certificado de residuos de obra**, obligatorio en muchos proyectos para garantizar la gestión adecuada de los residuos generados. También existen el **certificado de tratamiento de residuos**, que demuestra que los residuos han pasado por un proceso de valorización o eliminación; el **certificado de residuos sólidos**, enfocado en materiales reciclables o reutilizables; y el **certificado gestor de residuos**, exigido a las empresas que se dedican al almacenamiento o transporte de residuos de terceros.

En sectores como la construcción, además del certificado general de gestión, es frecuente la emisión de un **certificado de valorización**, que tiene como fin acreditar que los residuos se han transformado en productos nuevos o materias primas secundarias. Este tipo de certificación ha ido ganando peso en los últimos años, especialmente por la entrada en vigor de normativas que exigen mayor trazabilidad y control sobre el destino final de los residuos.

Respecto a su obligatoriedad, en la mayoría de los casos **sí es obligatorio contar con un certificado de gestión de residuos**. La legislación ambiental vigente exige a las empresas garantizar la gestión adecuada de los residuos que generan y disponer de documentación que lo acredite. No cumplir con este requisito puede suponer sanciones económicas, consecuencias legales y un impacto negativo sobre la imagen de la organización.

LOGOTIPO DEL GESTOR
AUTORIZADO DE
RESIDUOS

CERTIFICADO DE GESTIÓN DE RESIDUOS DE CONSTRUCCIÓN Y DEMOLICIÓN (RCD).

Número de certificado	Fecha de entrega

1. IDENTIFICACIÓN DEL PRODUCTOR DE LOS RESIDUOS

Nombre o Razón social	N.I.F
Domicilio	

Municipio	Provincia

Código Postal	Teléfono

2. IDENTIFICACIÓN DEL POSEEDOR DE LOS RESIDUOS

Nombre o Razón social	N.I.F
Domicilio	

Municipio	Provincia

Código Postal	Teléfono

3. OBRA DE PROCEDENCIA DE LOS RESIDUOS

Denominación de la obra
Domicilio

Municipio	Provincia

Licencia municipal o expediente de obra:

4. IDENTIFICACIÓN DEL GESTOR INTERMEDIO DE LOS RESIDUOS (almacén de RCD)

Nombre o Razón social	N.I.F	Nº de autorización
Domicilio		

5. IDENTIFICACIÓN DEL GESTOR FINAL DE LOS RESIDUOS

Nombre o Razón social	N.I.F	Nº de autorización
Domicilio		

6. RESIDUOS ENTREGADOS AL GESTOR

Residuo	Código LER	Peso (toneladas)	Operación de gestión a realizar

Nombre, apellidos y NIF del productor o poseedor:	Fecha y firma:
Nombre, apellidos y NIF del gestor de los residuos:	Fecha y firma:

Modelo del certificado de gestión de residuos de construcción y demolición (RCD):
https://docs-simple.com/modelo-certificado-de-gestion-de-residuos/

En el caso concreto de España, existen varias situaciones donde la obtención de este certificado es indispensable. Las **empresas que generan residuos peligrosos** están obligadas a presentar estos documentos ante las autoridades competentes, tal como establece el **Real Decreto 553/2020**. Asimismo, en el sector de la construcción, es necesario contar con un **certificado de residuos de obra** para justificar el tratamiento correcto de los residuos generados durante la ejecución o demolición de una obra. También están obligadas las **empresas que transportan o almacenan residuos ajenos**, ya que deben estar registradas como gestores y emitir certificados que acrediten la trazabilidad y la correcta manipulación de dichos materiales.

A partir de este marco normativo y la obligatoriedad de documentar la gestión de los residuos, resulta fundamental distinguir entre los diferentes tipos de certificados utilizados en este ámbito. En particular, es importante comprender las diferencias entre el **certificado de gestión de residuos** y el **certificado de valorización o eliminación**, ya que aunque ambos forman parte de los instrumentos de trazabilidad y control ambiental, responden a finalidades distintas y aportan niveles de detalle diferentes sobre el tratamiento recibido por los residuos.

La principal diferencia entre el **certificado de gestión de residuos** y el **certificado de valorización o eliminación** se encuentra en el enfoque y el nivel de detalle que aporta cada uno respecto al tratamiento del residuo:

- ▶ El **certificado de gestión de residuos** es un documento oficial que deja constancia de que los residuos se han entregado, recibidos y registrados en instalaciones autorizadas. Su finalidad es asegurar que el residuo ha sido correctamente manejado, que se ha seguido el procedimiento legal previsto, y que la cantidad generada coincide con la cantidad gestionada. No obstante, este certificado no especifica si el residuo se ha transformado, reciclado o eliminado, ya que su alcance se limita a acreditar la trazabilidad básica y el cumplimiento administrativo.

1. **Solicitud:** el generador del residuo realiza una solicitud a una empresa autorizada para que se encargue de su gestión de forma adecuada.

2. **Registro:** la entidad gestora, una vez recibe el residuo, procede a clasificarlo y registrar su entrada. Este registro recoge información relevante como el tipo de residuo, su cantidad y el origen del mismo.

3. **Generación del certificado:** tras haber realizado las operaciones correspondientes (como el almacenamiento temporal, transporte o traslado a otro centro autorizado), el gestor emite un certificado que permite asegurar la trazabilidad del residuo. Este documento demuestra que el tratamiento se ha hecho de acuerdo con la normativa vigente.

▼ Por otro lado, el **certificado de valorización o eliminación** va un paso más allá. Este documento también tiene carácter oficial, pero se centra en detallar el proceso final que ha recibido el residuo. Aporta información concreta sobre si ha sido valorizado —por ejemplo, convertido en materias primas secundarias o productos reutilizables— o eliminado de forma controlada, como mediante incineración o depósito en vertedero autorizado. En este sentido, el certificado sirve como prueba del tratamiento específico que se ha realizado, y garantiza que se ha cumplido con los requisitos ambientales establecidos para la fase final del ciclo de vida del residuo.

1. **Proceso específico:** este tipo de certificado se emite una vez que el residuo ha sido tratado mediante un proceso concreto de valorización (por ejemplo, reciclaje) o de eliminación (como la incineración).

2. **Detalles del tratamiento:** el documento recoge información sobre el tipo de proceso aplicado, la tecnología utilizada y el resultado final del tratamiento, como puede ser la generación de energía o de materias primas secundarias.

3. **Acreditación:** el certificado es emitido por el gestor autorizado como prueba oficial de que el residuo ha sido correctamente valorizado o eliminado según lo establecido por la normativa.

> ### ⓘ NOTA
>
> Ambos certificados solo pueden ser emitidos por empresas que estén debidamente registradas y cumplan con la normativa ambiental aplicable, ya sea a nivel local, nacional, europeo o internacional.

5.2 SUJETOS RESPONSABLES DEL TRASLADO: OPERADORES

Dentro del procedimiento legal de traslado de residuos, una figura esencial es el **operador del traslado**, también denominado **notificante** en el contexto europeo. Este agente tiene la obligación de garantizar el cumplimiento normativo desde el momento en que se planifica el traslado hasta que se certifica su correcta valorización o eliminación. El Reglamento 1013/2006 ofrece una **definición precisa y jerarquizada** de quién puede ser considerado operador, estableciendo un orden que comienza por el **productor inicial del residuo**, seguido por el **nuevo productor (si ha habido un tratamiento previo)**, el **recogedor autorizado**, el **negociante** o el **agente**, siempre que actúen por encargo y estén debidamente registrados.

Este operador es el responsable directo de presentar la **notificación previa a las autoridades competentes**, de adjuntar toda la documentación exigida (incluyendo el contrato con el destinatario y la fianza correspondiente) y de realizar un **seguimiento completo del traslado**, notificando cualquier incidencia o incumplimiento. En caso de traslado ilícito o fallido, el operador debe **asumir la devolución de los residuos o garantizar su tratamiento alternativo**, a su costa, sin perjuicio de las posibles sanciones legales. Si el notificante es un negociante o agente autorizado y este incumple, la **responsabilidad recae automáticamente en el productor o recogedor que lo haya autorizado**.

El Real Decreto 553/2020 refuerza esta figura al exigir que el operador gestione el traslado a través de la **plataforma eSIR**, cumplimente correctamente el documento de identificación y coordine las firmas electrónicas necesarias para formalizar el traslado. En esta plataforma, el operador debe seleccionar el código LER del residuo, indicar su naturaleza y características, especificar la instalación de destino, el tipo de tratamiento, y registrar los datos de transporte. Si no se completa esta trazabilidad, el traslado se considerará no conforme, con posibles consecuencias administrativas.

En algunos casos, cuando los residuos se trasladan entre instalaciones de una misma empresa o grupo empresarial, se permite que el contrato exigido por el reglamento se sustituya por una **declaración interna de responsabilidad**, siempre que quede constancia por escrito y exista trazabilidad verificable. También se contempla la **autorización de notificaciones generales**, es decir, aquellas que amparan traslados repetidos del mismo tipo de residuo entre las mismas instalaciones durante un periodo determinado, lo cual simplifica trámites pero no exime al operador de cumplir con todas las obligaciones formales y técnicas.

5.3 CONTRATOS DE TRATAMIENTO

La legislación vigente en materia de traslados de residuos exige que, antes de realizar cualquier traslado que requiera notificación, exista un **contrato firmado entre el notificante y el destinatario**. Este contrato no es un simple trámite burocrático: actúa como **garantía jurídica y operativa** de que el residuo se tratará en las condiciones y plazos acordados, de forma ambientalmente adecuada. La obligación se recoge en el **Reglamento 1013/2006,** y su aplicación es controlada por las autoridades competentes que deben revisar su existencia antes de emitir cualquier autorización.

5.3.1 Contenido y cumplimentación

El contrato debe estar **vigente desde el momento de la notificación** y permanecerlo hasta que se haya expedido el certificado que acredite la correcta valorización o eliminación de los residuos. Entre las cláusulas obligatorias que debe contener, se encuentra la **responsabilidad del notificante de asumir el retorno del residuo** en caso de que el traslado no se complete o se realice de manera ilícita, así como la obligación del destinatario de tratar adecuadamente el residuo o devolverlo si no es posible gestionarlo conforme a lo previsto.

En los casos en que el tratamiento incluya **operaciones intermedias**, el contrato debe reflejar también las condiciones específicas de estas etapas, y garantizar la emisión de **certificados de valorización o eliminación** por parte de todas las instalaciones involucradas. Cuando el traslado se efectúe dentro del mismo grupo empresarial, es posible sustituir el contrato por una **declaración interna firmada**, siempre que cumpla los mismos efectos legales.

La cumplimentación del contrato debe reflejarse documentalmente, bien mediante una **copia firmada**, o mediante una **declaración de existencia del contrato** que será evaluada por las autoridades. Este documento se adjunta a la notificación y forma parte del expediente de autorización, junto con otros elementos clave como la fianza o seguro equivalente.

5.4 DOCUMENTO DE IDENTIFICACIÓN (DI)

El **Documento de Identificación (DI)** es el instrumento que permite **trazar el recorrido de los residuos desde su origen hasta su destino final**, garantizando que en cada fase del traslado se conserve toda la información esencial para verificar el cumplimiento de la normativa. Según el **Real Decreto 553/2020**, este documento es obligatorio para todos los **traslados de residuos peligrosos**, así como para **residuos no peligrosos sometidos a control administrativo adicional**.

5.4.1 Contenido, cumplimentación y confidencialidad

El DI debe estar debidamente **cumplimentado antes de iniciar el traslado**, y debe acompañar al residuo en todo momento. Entre los datos que debe contener destacan: **identificación del residuo (código LER, características peligrosas), origen, cantidad, tipo de embalaje, transportista, destinatario y tipo de tratamiento previsto**. También debe incluir las **firmas electrónicas** del operador, del transportista y de la instalación de destino, lo que certifica que cada uno ha asumido su parte de responsabilidad.

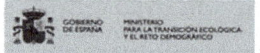

DOCUMENTO DE IDENTIFICACIÓN DE RESIDUOS SIN NOTIFICACIÓN PREVIA

(Artículo 6.1 y Anexo III del R.D. 553/2020, de 2 de junio, por el que se regula el traslado de residuos en el interior del territorio del Estado. B.O.E. nº 171 del 19/07/2020)

Documento de Identificación nº [1]	
Fecha inicio de traslado[2]	

INFORMACIÓN RELATIVA AL OPERADOR DEL TRASLADO

NIF		Razón social/Nombre	
NIMA [3]		Nº inscripción[3]	Tipo Operador Traslado[4]
Dirección			C.P.
Municipio		Provincia	
Teléfono		Correo electrónico	
Firma operador de traslado			

INFORMACIÓN RELATIVA AL ORIGEN DEL TRASLADO

Información del centro productor o poseedor de residuos o de la instalación origen del traslado:

NIF [5]		Razón social/Nombre	
NIMA [3]		Nº inscripción [3]	Tipo centro Productor[6]
Dirección[7]			C.P.
Municipio		Provincia	
Teléfono		Correo electrónico	

Información de la empresa autorizada para realizar operaciones de tratamiento de residuos, incluido el almacenamiento, en caso de que el origen del traslado sea una instalación de tratamiento de residuos

NIF		Razón social/Nombre	
NIMA		Nº inscripción	
Dirección			C.P.
Municipio		Provincia	
Teléfono		Correo electrónico	

INFORMACIÓN RELATIVA AL DESTINO DEL TRASLADO

Información de la instalación de destino[15]

NIF		Razón social/Nombre	
NIMA		Nº inscripción	Tipo centro gestor[8]
Dirección			C.P.
Municipio		Provincia	
Teléfono		Correo electrónico	

Información de la empresa autorizada para realizar operaciones de tratamiento de residuos, incluido el almacenamiento, en la instalación de destino

NIF		Razón social/Nombre	
NIMA		Nº inscripción	
Dirección			C.P.
Municipio		Provincia	
Teléfono		Correo electrónico	

GOBIERNO DE ESPAÑA · MINISTERIO PARA LA TRANSICIÓN ECOLÓGICA Y EL RETO DEMOGRÁFICO

INFORMACIÓN SOBRE EL RESIDUO QUE SE TRASLADA

Código LER/LER- extendido [9]	

Descripción del residuo:			
Operación de tratamiento destino (código R)[10]		Código operación tratamiento destino desagregado (4 cifras)[11]	
Descripción operación tratamiento[12]			
Cantidad (kg netos)			

INFORMACIÓN DEL SISTEMA DE RESPONSABILIDAD AMPLIADA DEL PRODUCTOR QUE, EN SU CASO, DECIDE LA INSTALACIÓN

NIF		Razón social/Nombre	
NIMA		Nº inscripción	
Dirección			C.P.
Municipio		Provincia	
Teléfono		Correo electrónico	

INFORMACIÓN RELATIVA AL TRANSPORTISTA

N.I.F.:		Razón social/Nombre y apellidos	
NIMA:		Nº inscripción	
Dirección			C.P.
Municipio		Provincia	
Teléfono		Correo electrónico	

INFORMACIÓN SOBRE LA ACEPTACIÓN DEL RESIDUO

Fecha entrega:		Kg. netos recibidos		Aceptación	Sí ☑ No ☐
Fecha aceptación/rechazo				
Acción en caso de rechazo				
Fecha devolución/reenvío				
Motivo de rechazo				
Firma del gestor de la instalación de destino recepción del residuo[13]				
Firma del gestor de la instalación de destino aceptación/rechazo residuo[14]				

INFORMACIÓN SOBRE LA RECEPCIÓN EN ORIGEN DEL RESIDUO RECHAZADO Y DEVUELTO

Fecha entrega:		Kg. netos recibidos	

Enlace al documento de identificación de residuos: https://www.miteco.gob.es/content/dam/miteco/es/calidad-y-evaluacion-ambiental/temas/prevencion-y-gestion-residuos/documentodeidentificacionderesiduossinnotificacionprevia_tcm30-523721.pdf

Una particularidad importante del DI es que se tramita de manera **telemática a través de la plataforma eSIR**, salvo en aquellas comunidades autónomas que utilizan su propio sistema interconectado. La cumplimentación se realiza con antelación suficiente para que pueda revisarse, corregirse en caso necesario y vincularse con la **memoria anual de gestión de residuos** que deben presentar las empresas. El documento debe conservarse, junto con los justificantes del tratamiento recibido, durante al menos **tres años**, y puede ser objeto de inspección por parte de las autoridades competentes en cualquier momento.

Respecto a la **confidencialidad**, el Reglamento 1013/2006 establece que la información contenida en el DI puede clasificarse como sensible cuando afecte a **datos comerciales protegidos, patentes, fórmulas o estrategias industriales**, siempre que se justifique adecuadamente. No obstante, esta confidencialidad **no exime del cumplimiento de la obligación de entrega del documento completo** ante los organismos públicos, aunque pueda limitarse su publicación o difusión.

5.5 NOTIFICACIÓN PREVIA DE TRASLADO

La **notificación previa de traslado** es un procedimiento obligatorio para determinados traslados de residuos, especialmente cuando se trata de **residuos peligrosos** o de **residuos destinados a eliminación**, tanto en el contexto de movimientos nacionales como internacionales. Este procedimiento está regulado en el **capítulo 1 del Reglamento (CE) 1013/2006**, y tiene como finalidad asegurar que todas las autoridades implicadas tengan constancia y control sobre el traslado antes de que se produzca.

5.5.1 Procedimiento y requisitos

Para que una notificación se considere válida, el notificante debe cumplimentar el **documento de notificación** y, si procede, el **documento de movimiento**, adjuntando además toda la **información**

técnica, jurídica y operativa requerida. Entre los requisitos se encuentra la **identificación del operador, del productor, del transportista y del destinatario**, así como los detalles del residuo, su cantidad, tratamiento previsto, itinerario, autorizaciones y la existencia del contrato y de la fianza correspondiente.

La notificación debe enviarse **a la autoridad competente de expedición**, que la remite a su vez a las autoridades de tránsito y de destino. Estas pueden autorizar el traslado sin condiciones, con condiciones, o denegarlo motivadamente. La **autorización puede ser expresa (firmada y sellada)** o **tácita**, si transcurre el plazo sin objeciones. En cualquier caso, el traslado no puede comenzar hasta que se haya recibido o presuma esta autorización.

Una vez autorizada, la notificación tiene una **validez máxima de un año**. Si el traslado no se realiza en ese plazo, debe presentarse una nueva notificación. Existen modalidades de **notificación general** para traslados repetidos de residuos de características similares entre los mismos puntos, lo cual reduce la carga administrativa, aunque también está sujeta a revisión por parte de las autoridades.

ⓘ NOTA

El procedimiento está pensado para evitar traslados ilegales, vertidos en terceros países sin capacidad de tratamiento, o gestiones opacas de residuos peligrosos. Por ello, su correcta tramitación y seguimiento representa una responsabilidad operativa directa para el notificante, con consecuencias legales si se detectan errores o fraudes durante el proceso.

5.6 TIPOS DE TRASLADO

El marco legal distingue entre diferentes **tipos de traslado de residuos**, atendiendo al tipo de residuo, su destino (valorización o eliminación), y si requiere o no una autorización previa por parte de las autoridades competentes. Esta clasificación es fundamental porque de ella depende el procedimiento que debe seguirse y la documentación que se debe preparar para realizar el traslado conforme a la legalidad vigente.

5.6.1 Con y sin notificación

En términos legales, los traslados de residuos pueden clasificarse como **traslados sujetos a notificación previa y autorización**, y **traslados sujetos únicamente a requisitos de información general**. El **traslado con notificación** es obligatorio para todos los **residuos destinados a eliminación**, para los **residuos peligrosos** destinados a valorización, y para ciertas **mezclas de residuos no clasificadas**. Este procedimiento exige remitir una notificación formal a las autoridades competentes de expedición, tránsito y destino, y recibir una autorización expresa o tácita antes de iniciar el traslado.

Por otro lado, el **traslado sin notificación** se aplica a residuos no peligrosos incluidos en el Reglamento, siempre que estén destinados a valorización. En estos casos, el traslado debe ir acompañado del documento de movimiento, pero no se requiere autorización previa. El productor u operador está obligado a conservar este documento y presentarlo si es requerido durante inspecciones o controles.

Ejemplo

Ejemplo de traslado de residuos	Tipo de traslado (legalmente)
Traslado de baterías usadas a una planta de tratamiento	Con notificación y autorización (residuos peligrosos destinados a valorización)
Traslado de papel y cartón para reciclaje	Sin notificación (residuos no peligrosos destinados a valorización)
Traslado de residuos hospitalarios para incineración	Con notificación y autorización (residuos peligrosos destinados a eliminación)
Traslado de residuos orgánicos domésticos para compostaje	Sin notificación (residuos no peligrosos destinados a valorización)
Traslado de residuos electrónicos (RAEE) a instalaciones autorizadas	Con notificación y autorización (residuos peligrosos destinados a valorización)
Traslado de vidrio para valorización (reciclaje)	Sin notificación (residuos no peligrosos destinados a valorización)
Traslado de neumáticos usados para eliminación en vertedero	Con notificación y autorización (residuos destinados a eliminación)
Traslado de chatarra metálica a una planta de recuperación	Sin notificación (residuos no peligrosos destinados a valorización)

5.6.2 Aceptación y rechazo del residuo

La instalación de destino, una vez recepcionado el residuo, debe emitir una **confirmación de recepción** en un plazo máximo de **tres días** desde la entrada física del residuo, lo cual garantiza la trazabilidad del traslado. Esta confirmación no implica la aceptación definitiva del residuo: la instalación debe revisar si el residuo recibido se corresponde con la información declarada en la documentación de traslado. Si hay discrepancias, contaminación cruzada o características no declaradas, la instalación puede proceder al **rechazo del residuo** y notificarlo a las autoridades competentes.

Cuando se produce un rechazo, entra en juego la figura del notificante, quien debe **repatriar el residuo** o coordinar su tratamiento alternativo bajo supervisión. Esta obligación está recogida en el **Reglamento 1013/2006**, que establece un **plazo máximo de 90 días** para devolver o gestionar adecuadamente el residuo rechazado. En los casos más delicados, esta devolución puede implicar la inmovilización del residuo hasta que se decida su destino.

5.6.3 Acreditación de entrega

Una vez que el residuo ha sido aceptado y tratado, la instalación tiene que **emitir un certificado de valorización o eliminación**, documento que acredita la finalización del proceso y cierra el ciclo del traslado. Este certificado debe incluir información específica sobre la cantidad gestionada, el tratamiento aplicado (R o D, según el tipo de operación) y la fecha de realización. Debe emitirse en un plazo determinado según el tipo de operación y las condiciones establecidas por el reglamento.

Ayuntamiento de
HUELVA
Área de Urbanismo, Medio Ambiente y Transición Ecológica
Licencias y Disciplina Urbanística

ANEXO I.I

MODELO DE CERTIFICADO DE VALORIZACIÓN O ELIMINACIÓN DE RCDs

(Artículos 4.1.c., 5.3, 5.7 y 7.c del R.D. 105/2008)

1- DATOS DE LA OBRA		
DENOMINACIÓN:		MUNICIPIO: HUELVA
DIRECCIÓN:	Nº LICENCIA MUNICIPAL:	

2- DATOS DEL PRODUCTOR DE RCDs (Art. 2.e del R.D. 105/2008):
Nombre o Razón Social:
CIF/NIF/NIE:
Dirección:

3- DATOS DEL POSEEDOR DE RCDs (Art. 2.f del R.D. 105/2008):
Nombre o Razón Social:
CIF/NIF/NIE:
Dirección:

4- DATOS DEL RESPONSABLE DE LA ENTREGA O TRANSPORTISTA DE LOS RCDs:	
Nombre o Razón Social:	
CIF/NIF/NIE:	Nº inscripción Registro Municipal:
Dirección:	

5- DATOS DE LA INSTALACIÓN DE VALORIZACIÓN

Nombre o Razón Social:	Nº Registro GRU:

CIF/NIF/NIE:	Nº identificación NIMA:

Dirección:

Operación de Valorización (R) (según el anexo I y II de la Ley 22/2011):

6- DATOS DE LA INSTALACIÓN DE ELIMINACIÓN

Nombre o Razón Social:	Nº Registro GRU:

CIF/NIF/NIE:	Nº identificación NIMA:

Dirección:

Operación de Eliminación (D) (según el anexo I y II de la Ley 22/2011):

7- RCDs RECEPCIONADOS

FECHA DE INICIO: FECHA DE FINALIZACIÓN:

Denominación del residuo	Código LER	Cantidad Tm	Cantidad m³	Gestor final	Tratamiento
Residuos mezclados de construcción y demolición	170904				
Hormigón	170101				

Total de RCDs:

Área de Urbanismo, Medio Ambiente y Transición Ecológica
Licencias y Disciplina Urbanística

Separación en origen: SI NO
Observaciones:

(La cantidad se expresará en toneladas –preferentemente- o en metros cúbicos, consignándose ambas unidades cuando sea posible)

8- COSTE UNITARIO
(€/Tm) ó (€/m³):

9- COSTE TOTAL
(€) :

EL PRESENTE CERTIFICADO SÓLO SERÁ VÁLIDO CON LA FIRMA Y DATOS DE LA EMPRESA TITULAR DE LA INSTALACIÓN DE VALORIZACIÓN O ELIMINACIÓN

Los RCDs procedentes de la citada empresa han sido gestionados siguiendo los principios básicos de la correcta gestión ambiental de los residuos (recuperación, reutilización y reciclaje), contenidos en las distintas disposiciones normativas establecidas al efecto; básicamente: Ley 7/2007, de 9 de julio, de Gestión Integrada de la Calidad Ambiental (GICA); RD 105/2008, de 1 de febrero, por el que se regula la producción y gestión de los RCDs; Orden MAM/304/2002, de 8 de febrero, por la que se publican las operaciones de valorización y eliminación de residuos y la lista europea de residuos (PNIR), Decreto 397/2010, de 2 de noviembre, por el que se aprueba el Plan Director Territorial de Gestión de Residuos no Peligrosos de Andalucía y el Decreto 73/2012, de 20 de marzo, por el que se aprueba el Reglamento de Residuos de Andalucía.

En Huelva, a............ de....................de 20......

Firmado y sello:...
(Empresa o entidad autorizada para la gestión final)

Ejemplo del modelo de certificado de valorización o eliminación de rcds en Huelva:
https://www.huelva.es/portal/sites/default/files/documentos/
urbanismo/documentos/residuos/anexo_i-i.pdf

Este certificado es obligatorio tanto para operaciones intermedias como definitivas, y debe remitirse al notificante y a las autoridades implicadas. En el caso de operaciones intermedias, también debe constar que los residuos se han transferido a otra instalación que completará la valorización o eliminación. El incumplimiento en la emisión de este certificado o en su contenido puede ser objeto de **sanciones administrativas** por incumplimiento de las obligaciones documentales.

5.7 RÉGIMEN TRANSITORIO Y APLICACIÓN AUTONÓMICA

El sistema legal que regula el traslado de residuos en España ha evolucionado para adaptarse al reglamento europeo, especialmente tras la entrada en vigor del **Real Decreto 553/2020**, que derogó la normativa anterior y estableció la plataforma electrónica **eSIR** como vía obligatoria para la tramitación de traslados. Para facilitar esta transición, se habilitó un **régimen transitorio** que permitió a las comunidades autónomas adaptar sus sistemas propios e integrarlos progresivamente al modelo estatal.

Durante este periodo, algunas comunidades, como Cataluña, Galicia o País Vasco, mantuvieron sus plataformas electrónicas específicas (e.g. **SDR en Cataluña**) mientras se avanzaba en la interoperabilidad con eSIR. El régimen transitorio ha permitido que, siempre que se garantice la trazabilidad y se cumplan los requisitos del reglamento europeo, se acepten los documentos generados por estos sistemas regionales. Sin embargo, se ha establecido un horizonte para que todas las comunidades converjan hacia un **sistema común y armonizado**, minimizando duplicidades y errores.

En cuanto a la **aplicación autonómica**, las comunidades tienen la **competencia ejecutiva** en materia de autorización, inspección y control de los traslados que se desarrollan íntegramente dentro de su territorio. Además, cada comunidad puede establecer **requisitos adicionales** en su normativa interna, siempre que estos sean compatibles con el marco europeo. Por ejemplo, algunas han regulado los plazos de aceptación de residuos de forma más estricta, o exigen registros complementarios para ciertos residuos con especial incidencia local.

Este reparto de competencias obliga a que las empresas y operadores que realicen traslados entre comunidades autónomas **consulten los requisitos específicos de origen y destino**, ya que pueden variar en aspectos como el formato documental aceptado, la obligación de comunicar ciertos datos o la forma de acreditar el cumplimiento. En este sentido, la plataforma eSIR y las bases de datos del MITECO actúan como herramientas clave para armonizar criterios y facilitar la labor de los agentes implicados en la cadena de traslado.

5.8 TRASLADOS INTERNACIONALES Y EXPORTACIONES

El traslado internacional de residuos está estrictamente regulado en la Unión Europea a través del **Reglamento (CE) n.º 1013/2006**, cuyo objetivo es asegurar que los movimientos transfronterizos de residuos se realicen de forma **segura, documentada y con trazabilidad**, protegiendo tanto la salud humana como el medio ambiente. Este reglamento incorpora los principios del **Convenio de Basilea**, adoptado por la ONU en

1989 y ratificado por la UE, cuyo objetivo es el control de los **movimientos transfronterizos de residuos peligrosos y su eliminación segura**.

La normativa europea prohíbe la exportación de residuos peligrosos a países no pertenecientes a la OCDE, salvo algunas excepciones muy bien justificadas. Por ejemplo, se permite exportar residuos **no peligrosos** para valorización a países que hayan aceptado expresamente su recepción y tratamiento conforme a estándares internacionales. Para realizar una exportación, deben cumplirse **procedimientos de notificación y autorización previa por escrito**, así como la presentación de un contrato entre notificante y destinatario, una fianza económica y un seguimiento completo mediante documentos de movimiento y confirmación del tratamiento en destino.

Los países de destino pueden imponer condiciones adicionales, rechazar residuos o exigir documentación específica. Si no hay una respuesta del país receptor, o si existen dudas fundadas sobre la capacidad del destino para gestionar los residuos de forma adecuada, la exportación queda vetada. El reglamento también prevé mecanismos de devolución en caso de traslado fallido, irregular o de rechazo por parte del gestor final. Las exportaciones a países no OCDE solo son admisibles cuando existe un acuerdo bilateral específico y si se cumplen las **condiciones de gestión ambientalmente adecuada** previstas en el Reglamento.

5.8.1 Aplicación del Tratado de Basilea

El **Convenio de Basilea** es el instrumento jurídico internacional que rige los traslados transfronterizos de residuos peligrosos, especialmente cuando estos cruzan fronteras entre países desarrollados y en desarrollo. El tratado establece que los residuos solo pueden exportarse a países que **dispongan de capacidad técnica y de infraestructuras adecuadas para su tratamiento**. Los países pueden establecer prohibiciones unilaterales a la importación de ciertos residuos, y en esos casos la exportación queda bloqueada de forma automática. Además, el convenio exige que todos los movimientos estén debidamente **notificados, autorizados y documentados**.

En la práctica, esto significa que las exportaciones de residuos desde la UE a países que no son parte de la OCDE requieren una **confirmación por escrito del país receptor** y la aplicación de un procedimiento similar al de los traslados dentro de la UE. Se incluyen, además, **controles aduaneros específicos** que deben cumplirse tanto a la salida como a la entrada del residuo en el país de destino. La normativa también contempla que ciertos residuos que no figuran inicialmente como peligrosos puedan calificarse como tales si presentan características específicas de peligrosidad, lo que activa automáticamente su prohibición de exportación.

5.8.2 Casos prácticos

Entre los casos más frecuentes en España se encuentra la **exportación de residuos metálicos no peligrosos**, como chatarra de cobre o aluminio, destinados a plantas de valorización en países asiáticos o del norte de África. Estos residuos, cuando están bien clasificados y libres de contaminantes, pueden circular bajo un régimen de información general, pero si están contaminados o mezclados con materiales peligrosos, requieren una notificación formal. Otro caso habitual es la **exportación de baterías de plomo-ácido usadas**, que deben seguir el procedimiento completo de notificación y autorización, especialmente si se destinan a instalaciones de reciclaje fuera de Europa.

También se han registrado rechazos en aduanas de países receptores por **no cumplir con las exigencias técnicas del país importador** o por diferencias en la interpretación de las listas de residuos. En esos casos, España tiene la obligación de gestionar el retorno del residuo, lo que supone costes adicionales y posibles sanciones para el operador. En algunos supuestos, las autoridades competentes han tenido que coordinar **traslados alternativos o planes de emergencia**, lo que demuestra la necesidad de una planificación rigurosa y conocimiento detallado de la legislación internacional aplicable.

5.9 TRAMITACIÓN TELEMÁTICA Y PLATAFORMAS (E3L, NIMA)

La transformación digital en el ámbito de los residuos ha supuesto un cambio profundo en los procedimientos administrativos. En España, el **Ministerio para la Transición Ecológica y el Reto Demográfico (MITECO)** ha impulsado un sistema unificado basado en herramientas telemáticas como **eSIR**, **E3L** y **NIMA**, diseñadas para garantizar la trazabilidad, legalidad y transparencia de la gestión de residuos.

El **formato E3L (Esquema de Intercambio de Información sobre Residuos)** es un estándar XML que permite estructurar la información sobre traslados de residuos, contratos, notificaciones y documentos de identificación. Gracias a este formato, los datos pueden intercambiarse entre los operadores, gestores, administraciones autonómicas y estatales sin necesidad de duplicar formularios ni introducir la información de forma manual. El E3L se utiliza especialmente en el ámbito de la plataforma **eSIR**, que permite realizar **notificaciones electrónicas, validaciones automáticas y seguimiento documental** en tiempo real.

Por su parte, el **NIMA (Número de Identificación Medioambiental)** es un código único asignado a cada instalación o emplazamiento en el Registro de Producción y Gestión de Residuos. Este número es obligatorio para cualquier operación de traslado y debe aparecer en todos los documentos de identificación, notificaciones previas y contratos. Su función es facilitar el **seguimiento de los movimientos de residuos**, vinculando cada envío con su origen y destino. Gracias al NIMA, las autoridades pueden detectar inconsistencias, realizar inspecciones selectivas y garantizar que los residuos no acaben en destinos no autorizados.

MINISTERIO DE AGRICULTURA,
ALIMENTACIÓN Y MEDIO AMBIENTE

SECRETARIA DE ESTADO DE
MEDIO AMBIENTE

DIRECCION GENERAL DE CALIDAD
Y EVALUACION AMBIENTAL Y MEDIO
NATURAL

NOTA INFORMATIVA RELATIVA AL NÚMERO DE IDENTIFICACIÓN MEDIOAMBIENTAL (NIMA)

El número de identificación medioambiental (NIMA) es un código asignado por la Comunidad Autónoma para identificar a los centros /instalaciones de producción y de gestión de residuos registrados conforme establece la Ley 22/2011 de 28 de julio de residuos y suelos contaminados. Algunas Comunidades Autónomas asignan también NIMAS a gestores.

El NIMA es necesario indicarlo en los documentos utilizados para la tramitación de los procedimientos relativos a la gestión de residuos, tales como el procedimiento de traslados o la memoria anual de gestores.

El código NIMA esta constituido por diez dígitos correspondiendo los dos primeros al código INE de la provincia y los ocho restantes son números asignados por la Comunidad Autónoma.

Este número se asigna en función de tres factores:

- o Titular de la autorización de la instalación o centro. Identificado mediante su NIF.
- o Emplazamiento de la instalación o centro. Identificado mediante sus coordenadas UTM)
- o Actividad principal del centro. Identificada mediante su CNAE.

Solo en el caso de que varíe uno o más de estos factores la instalación o centro cambiará su NIMA

Nota informativa sobre el NIMA

Además de eSIR, algunas comunidades autónomas cuentan con plataformas propias interconectadas (como **SDR en Cataluña** o **EGES en Euskadi**), que intercambian información con eSIR mediante pasarelas. Esta interoperabilidad evita duplicidades y mejora la eficiencia administrativa. La tramitación telemática ha permitido también la **digitalización de firmas**, la trazabilidad documental y la elaboración automatizada de **memorias anuales de gestión**.

> ### ⓘ NOTA
>
> El uso combinado de estos sistemas ha facilitado el cumplimiento normativo, la reducción de errores y la detección de posibles fraudes, como traslados simulados o falsificación de documentos. A su vez, ha permitido la explotación estadística de los datos para evaluar políticas públicas y planificar estrategias nacionales en gestión de residuos.

6

Cumplimiento normativo y compliance en la gestión de residuos

Aquí se introduce el enfoque del compliance aplicado al sector residuos, con especial atención a la responsabilidad penal de las personas jurídicas. Se explican los mecanismos de control, la evaluación de riesgos y la elaboración de códigos de conducta que permiten a las organizaciones garantizar el cumplimiento normativo.

6.1 RESPONSABILIDAD PENAL DE LAS PERSONAS JURÍDICAS

Desde la reforma del Código Penal español en 2010 (Ley Orgánica 5/2010), se introdujo de manera expresa la **responsabilidad penal de las personas jurídicas** en el ordenamiento jurídico español. Esta novedad supuso un cambio radical para empresas y organizaciones que operan en sectores con riesgos medioambientales, especialmente aquellas que participan en actividades relacionadas con la **producción, transporte, tratamiento o eliminación de residuos**. La normativa establece que una empresa puede ser considerada penalmente responsable por la comisión de determinados delitos cometidos **en su beneficio directo o indirecto**, ya sea por parte de sus representantes legales o por empleados sometidos a su autoridad.

En lo que respecta a los **delitos medioambientales**, el Código Penal sanciona a quienes, contraviniendo las leyes o reglamentos, provoquen emisiones, vertidos, extracciones o actividades que perjudiquen gravemente el equilibrio de los sistemas naturales. Si estos hechos se producen en el marco de una entidad jurídica, esta podrá ser objeto de penas como **multas proporcionales a su capacidad económica**, **intervención judicial temporal**, **inhabilitación para contratar con el sector público**, e incluso **disolución de la persona jurídica**. Esta responsabilidad no sustituye la penal del autor individual, sino que la complementa, generando un doble enfoque punitivo.

En el ámbito de la **gestión de residuos**, esta responsabilidad adquiere especial relevancia cuando se produce un **vertido incontrolado**, un **traslado ilegal**, una **manipulación de documentación ambiental** o el **almacenamiento prolongado sin autorización**. Estas infracciones no requieren necesariamente un resultado dañino consumado; basta con la **creación de un riesgo grave para el medioambiente**. La jurisprudencia reciente ha reforzado esta interpretación, destacando la necesidad de que las empresas dispongan de **protocolos internos de prevención** que permitan demostrar que han hecho todo lo posible para evitar la comisión del delito. En este contexto, contar con un **programa de compliance penal ambiental** debidamente implantado y auditado puede ser un **elemento atenuante** o incluso **eximente** de responsabilidad penal, siempre que se acredite su eficacia real.

6.2 NORMALIZACIÓN INTERNACIONAL Y COMPLIANCE

En un entorno cada vez más regulado y globalizado, el cumplimiento de la normativa ambiental no se limita a evitar sanciones. La adopción de **sistemas de compliance ambiental** se ha consolidado como una herramienta estratégica para asegurar la sostenibilidad del negocio, reducir riesgos operativos y mejorar la reputación corporativa. Este enfoque se basa en estándares internacionales que marcan las pautas para prevenir, detectar y corregir comportamientos irregulares dentro de las organizaciones, particularmente en actividades relacionadas con la **gestión de residuos peligrosos, el cumplimiento de autorizaciones ambientales, el transporte de residuos y la trazabilidad documental**.

Uno de los pilares de este sistema es la **norma UNE-ISO 19600**, actualmente integrada en la nueva **ISO 37301**, que establece directrices para la gestión del compliance en cualquier organización. Aunque no es certificable, ofrece un marco sólido para diseñar políticas internas, identificar riesgos legales y establecer canales de denuncia o respuesta ante posibles incumplimientos. Para el ámbito medioambiental, también cobra relevancia la **ISO 14001**, norma certificable que establece un sistema de gestión ambiental basado en la mejora continua y en el cumplimiento legal. Aunque no garantiza la ausencia de infracciones, sí demuestra un compromiso con la **prevención de impactos negativos** y la **adopción de buenas prácticas de gestión**.

En lo específico del sector residuos, el compliance implica **auditar la cadena de valor**, desde la generación hasta la eliminación del residuo, asegurando que todos los contratos, traslados, autorizaciones y registros se gestionan conforme a la legislación vigente. Las empresas deben revisar de forma periódica su **matriz de riesgos ambientales**, actualizar sus protocolos de traslado conforme al Reglamento 1013/2006, y verificar que las plataformas telemáticas (eSIR, NIMA, E3L) se usan correctamente y con la trazabilidad requerida. También deben vigilar a sus subcontratas y proveedores, ya que cualquier infracción cometida por estos puede tener **repercusiones legales directas** para la empresa contratante.

Además, algunas empresas incorporan elementos de compliance en su **código ético o política de sostenibilidad**, ligando el cumplimiento normativo con objetivos de responsabilidad social corporativa y gobernanza (criterios ESG). Esta visión transversal refuerza la cultura del cumplimiento y convierte al área de medio ambiente en un **eje estratégico** del negocio, más allá del mero cumplimiento formal. En sectores como la construcción, la automoción, la industria química o la distribución alimentaria, esta integración del compliance ambiental es ya una exigencia de clientes y administraciones para participar en licitaciones, proyectos internacionales o programas de financiación.

6.3 IDENTIFICACIÓN, ANÁLISIS Y EVALUACIÓN DE RIESGOS

La **identificación, análisis y evaluación de riesgos** no debe entenderse como una mera formalidad documental, sino como un proceso operativo mediante el cual se detectan, valoran y priorizan aquellos factores que pueden provocar incumplimientos legales, impactos medioambientales o pérdidas reputacionales. En el caso de las empresas que producen, transportan o gestionan residuos, este procedimiento permite anticipar posibles desviaciones y establecer controles eficaces para evitarlas o reducir sus consecuencias.

El primer paso es la **identificación de riesgos**, que exige un conocimiento detallado de las operaciones internas y externas relacionadas con los residuos. Aquí se analizan todas las actividades que pueden generar riesgos: generación de residuos peligrosos, clasificación incorrecta, almacenamiento sin condiciones adecuadas, falta de trazabilidad en los traslados, subcontratación de gestores no autorizados o errores en la cumplimentación del Documento de Identificación (DI). Esta identificación debe ser sistemática y abarcar las instalaciones propias y la relación con proveedores, transportistas y gestores autorizados.

Una vez identificados, los riesgos deben **analizarse** en profundidad. Esto implica determinar su **probabilidad de ocurrencia** y **grado de impacto**, tanto en términos económicos como legales o ambientales. Por ejemplo, el riesgo de que un residuo peligroso no se etiquete correctamente puede parecer bajo, pero su impacto potencial puede incluir multas, paralización de la actividad o incluso responsabilidad penal. Para ello se utilizan **matrices de riesgo**, mapas de calor o escalas cualitativas y cuantitativas que permiten visualizar y priorizar los riesgos más significativos.

La fase final es la **evaluación**, donde se decide qué riesgos son aceptables, cuáles requieren medidas de control inmediatas y qué tipo de respuestas deben implementarse. Esto puede incluir desde cambios en los procedimientos operativos hasta la implantación de controles automatizados, revisión de contratos, formación específica al personal o auditorías internas más frecuentes. También se pueden definir **indicadores de riesgo** (KPIs) que alerten de situaciones anómalas, como retrasos en la emisión de certificados de tratamiento o errores en los códigos LER.

Aplicación práctica

Planta de fabricación de componentes electrónicos

Una empresa mediana produce placas base y procesadores, generando diferentes tipos de residuos: metales, plásticos, chatarra electrónica y algunos residuos peligrosos, como disolventes o aceites contaminados.

1. **Identificación de riesgos**

   - **Generación de residuos peligrosos:** la planta utiliza disolventes en el proceso de limpieza de placas base. Un riesgo potencial es que estos disolventes se almacenen en recipientes sin etiquetar o sin las condiciones de seguridad adecuadas.

   - **Clasificación incorrecta:** si el personal de producción no sigue los protocolos de clasificación de residuos (por ejemplo, mezclando metales con residuos orgánicos o plásticos), se corre el riesgo de incumplir la legislación, incurrir en sobrecostes o imposibilitar su valorización.

   - **Almacenamiento inadecuado:** existe la posibilidad de que los contenedores de disolventes estén en zonas no aisladas, sin cubetos o sin la ventilación debida, lo que podría derivar en vertidos o incendios.

   - **Trazabilidad en los traslados:** al enviar residuos a gestores externos, un riesgo frecuente es la falta de seguimiento de la documentación (Documento de Identificación–DI) o no verificar la autorización del transportista y gestor.

   - **Subcontratación de gestores no autorizados:** si la planta no revisa periódicamente las licencias y registros de sus proveedores, podría trabajar con un gestor que no cumple la normativa.

- **Errores en la cumplimentación documental:** otro riesgo se sitúa en la incorrecta cumplimentación del DI o de los códigos LER; un simple error puede terminar en sanciones o bloqueos de envío.

2. **Análisis de riesgos**

- **Probabilidad y gravedad:**

  - El riesgo de "disolventes mal etiquetados" podría ser moderado en probabilidad, pero alto en impacto (multas y posibles accidentes).

  - La clasificación incorrecta de residuos puede tener probabilidad media, con un impacto económico moderado (incremento de costos, penalizaciones).

  - La subcontratación de un gestor sin licencia tiene baja probabilidad si existen controles administrativos adecuados, pero su impacto legal podría ser muy alto (sanciones, incluso penales).

- **Herramientas de análisis:** se pueden usar matrices de riesgo o mapas de calor para ubicar estos riesgos en un eje de probabilidad versus impacto. Así, los responsables verán rápidamente cuáles tienen prioridad de acción.

3. **Evaluación y priorización**

- **Riesgos más críticos:** aquellos con alta probabilidad y alto impacto, como la gestión incorrecta de disolventes peligrosos o la falta de verificación de la autorización del gestor.

- **Aceptación o mitigación:**

  - Si se considera que el riesgo de subcontratar gestores no autorizados tiene un impacto intolerable, será necesario reforzar la verificación de licencias de cada proveedor, exigiendo renovaciones periódicas y auditorías.

- Para minimizar el riesgo de clasificaciones incorrectas, la empresa puede implementar protocolos de segregación más claros, señalización en contenedores y formación continua para el personal.

- Respecto a la documentación, se podrían desarrollar **checklists** e integrarlas en un sistema de gestión digital que marque alertas si falta algún dato o si el código LER es inconsistente.

4. **Medidas de control e indicadores**

- **Controles operativos:**

  - Establecer un área de almacenamiento con cubetos, ventilación adecuada y etiquetado visible para todos los contenedores de disolventes.

  - Implementar procedimientos de verificación documental a la hora de tramitar el envío, verificando la vigencia de la autorización del gestor y el correcto llenado del DI.

  - Elaborar un protocolo de inspecciones internas que revise mensual o trimestralmente la situación de contenedores, etiquetas y condiciones de almacenamiento.

- **Indicadores de Riesgo (KPIs):**

  - **Retraso en certificados de tratamiento**: número de días de retraso en la recepción de certificados por parte del gestor, activando alarmas pasados 30 días, por ejemplo.

  - **Errores en códigos LER**: número de incidencias detectadas al mes en la cumplimentación del DI, con un objetivo de reducción progresiva.

  - **Desviaciones en el peso o tipo de residuo**: comparación entre la cantidad de residuos declarados y los realmente enviados a gestor, para detectar disparidades que indiquen mala clasificación o fraude.

Este análisis debe actualizarse de forma periódica, especialmente cuando cambian las condiciones operativas, se modifican las normativas o se detectan incidentes. Documentar todo este proceso es imprescindible para demostrar, ante una inspección o una investigación judicial, que la empresa ha actuado con la debida diligencia.

6.4 FUNCIÓN COMPLIANCE Y SU IMPLANTACIÓN

La **función compliance** en materia medioambiental no puede reducirse a un cargo simbólico o a una figura decorativa. Su implantación real en una organización implica la creación de una estructura interna capaz de **vigilar el cumplimiento normativo**, promover una cultura preventiva, y actuar como enlace entre la alta dirección, los departamentos operativos y las autoridades administrativas. En el ámbito de la gestión de residuos, esta función adquiere una relevancia práctica en el día a día, ya que permite detectar incumplimientos en tiempo real y activar respuestas rápidas.

La implantación comienza por definir con claridad quién asume la responsabilidad de compliance. En organizaciones grandes, esta función recae en el **departamento jurídico o en una unidad específica de cumplimiento normativo**, mientras que en pymes puede integrarse en el departamento de calidad, medio ambiente o prevención. Sea cual sea la estructura elegida, debe garantizarse su **independencia, capacidad de decisión y acceso a la información**, sin que dependa jerárquicamente de quienes gestionan los riesgos que debe controlar.

Uno de los elementos clave de esta función es el desarrollo de un **programa de compliance ambiental** documentado, que incluya políticas internas, códigos de conducta, procedimientos operativos normalizados y canales de comunicación interna. Este programa debe contemplar la formación continua del personal implicado, tanto en aspectos legales como en cuestiones operativas: correcta cumplimentación del eSIR, identificación de residuos conforme a la Lista Europea (LER), tiempos de almacenamiento o procedimientos de notificación previa para traslados.

Además, es necesario establecer **canales de denuncia seguros y confidenciales**, donde el personal pueda informar de conductas irregulares sin temor a represalias. Estos canales deben gestionarse de forma profesional, con registros adecuados y mecanismos de seguimiento, análisis e intervención.

En la práctica, el compliance no puede funcionar si no está respaldado por la alta dirección. Es esta la que debe integrar el cumplimiento normativo en la estrategia empresarial, asignar recursos, y exigir resultados. La función compliance debe participar en los comités de dirección, tener acceso a la documentación clave (contratos, licencias, informes técnicos) y poder emitir recomendaciones vinculantes. También debe elaborar **informes periódicos** que incluyan indicadores de cumplimiento, incidentes detectados, medidas adoptadas y planes de mejora.

6.5 RIESGOS PROPIOS DEL SECTOR RESIDUOS Y SUS INDICADORES

El **sector de la gestión de residuos** está expuesto a una serie de **riesgos específicos** derivados de la propia naturaleza de su actividad. Estos riesgos, si no se gestionan adecuadamente, pueden traducirse en **incumplimientos normativos, daños al medio ambiente, sanciones administrativas o penales, y pérdida de reputación empresarial**. Identificarlos y monitorizarlos de forma continua es una necesidad operativa que forma parte del enfoque preventivo del compliance ambiental.

Entre los **riesgos operativos más relevantes** destacan los derivados de la **clasificación incorrecta de residuos**, especialmente cuando se trata de residuos peligrosos. Un error en la asignación del código LER puede desencadenar traslados con documentación errónea, tratamientos inadecuados o incumplimientos contractuales con gestores autorizados. Otro riesgo habitual es el **almacenamiento más allá del plazo permitido**, que en el caso de residuos peligrosos está limitado por ley a seis meses desde su generación (salvo excepciones autorizadas). Exceder ese plazo puede acarrear sanciones económicas y requerimientos de retirada inmediata por parte de la administración.

También se identifican como riesgos importantes los **traslados sin notificación previa**, los **errores en la cumplimentación del Documento de Identificación (DI)** o del contrato de tratamiento, y el **uso de transportistas**

o gestores no inscritos en los registros oficiales. Todo ello puede poner en duda la trazabilidad de los residuos, un aspecto clave en cualquier inspección. La **falsificación de registros, certificados de valorización o eliminación**, y los **desvíos de residuos hacia destinos no autorizados** son igualmente considerados riesgos críticos, con consecuencias que pueden alcanzar la responsabilidad penal de la empresa.

Para poder detectar estos riesgos a tiempo, es fundamental establecer un sistema de **indicadores de seguimiento**, también conocidos como KPIs ambientales. Algunos de los más utilizados en el sector son:

- ▸ **Número de traslados sin validación documental previa.**

- ▸ **Porcentaje de residuos no valorizados respecto al total generado.**

- ▸ **Tiempo medio de almacenamiento de residuos peligrosos en planta.**

- ▸ **Porcentaje de errores en la cumplimentación de DI respecto al total emitido.**

- ▸ **Tasa de residuos con rechazo por parte del gestor de destino.**

- ▸ **Número de incidencias detectadas por auditoría interna o inspección oficial.**

- ▸ **Volumen de residuos gestionados sin documentación completa.**

Estos indicadores permiten a los responsables de compliance y medio ambiente **anticiparse a desviaciones, priorizar acciones correctivas y evaluar la eficacia de los controles implantados**. La periodicidad de su seguimiento puede variar según el tipo de instalación y el riesgo asociado, aunque se recomienda al menos una revisión trimestral con informes consolidados para la dirección.

6.6 ELABORACIÓN DE CÓDIGOS DE CONDUCTA

El **código de conducta ambiental** es un documento corporativo que recoge los **principios, normas y compromisos que rigen el comportamiento de una organización y de sus empleados** en relación con la protección del medio ambiente y el cumplimiento legal. En el sector de los residuos, su redacción no puede limitarse a valores generales, sino que debe abordar de forma específica las **prácticas de gestión, traslado, tratamiento y documentación** asociadas a cada tipo de residuo.

Para que un código de conducta resulte útil y aplicable, debe partir de un análisis realista de los **riesgos y situaciones críticas a las que se enfrenta la organización**, y establecer directrices claras que puedan seguir tanto el personal de oficina como los operarios de planta, técnicos de medio ambiente o personal subcontratado. Algunos temas que debe incluir un código adaptado al sector son:

- ▸ **Compromiso con la correcta clasificación y segregación de residuos**, conforme a la normativa aplicable y la formación recibida.

- ▸ **Prohibición expresa de trasladar residuos sin documentación reglamentaria** (contrato, DI, autorización de traslado si procede).

- ▸ **Obligación de informar sobre cualquier incidente, desviación o incumplimiento detectado**, mediante los canales internos de comunicación.

- ▸ **Uso exclusivo de gestores, transportistas y operadores autorizados, con verificación documental previa**.

- ▸ **Respeto estricto a los plazos de almacenamiento y condiciones de seguridad del residuo.**

- ▸ **Confidencialidad en el tratamiento de información técnica y legal**, incluyendo los datos del eSIR o registros internos.

- ▸ **Colaboración con las inspecciones ambientales y autoridades competentes**, así como veracidad en la entrega de documentos.

Ejemplo

Código de conducta ambiental para la gestión de residuos

Este código de conducta establece los principios, normas y compromisos que orientan la actuación de la organización y de su personal en materia de protección ambiental y cumplimiento legal en la gestión de residuos. Su finalidad es asegurar una gestión responsable, segura y sostenible, en sintonía con la legislación vigente y con la cultura corporativa de la empresa.

Este documento es de obligado cumplimiento para todas las personas que forman parte de la organización, así como para los colaboradores y proveedores que participen en cualquier fase del ciclo de vida de los residuos, desde su generación hasta su tratamiento o eliminación final. Se aplica a todas las instalaciones de la empresa, incluyendo plantas de producción, almacenes, oficinas y cualquier otro espacio de operación.

Principios rectores:

- Cumplimiento legal
  - Se respetan de forma rigurosa los requisitos legales y regulatorios que afectan a la generación, transporte y tratamiento de residuos, tanto a nivel local, nacional como europeo.

- Prevención y minimización
  - Se fomenta la reducción de la generación de residuos en origen y la adopción de medidas que prevengan daños al medio ambiente.

⚑ Responsabilidad y transparencia

- Se asume la responsabilidad sobre los residuos en todas las etapas de su gestión, manteniendo registros claros y accesibles que permitan verificar su trazabilidad.

⚑ Precaución y seguridad

- Se identifican los riesgos vinculados a la manipulación y almacenamiento de residuos, especialmente los peligrosos, y se adoptan las medidas necesarias para proteger la salud y el medio ambiente.

⚑ Mejora continua

- Se revisan y perfeccionan de manera sistemática las prácticas de gestión de residuos, incorporando formación y aprendizajes derivados de la experiencia y de los cambios normativos.

Las actividades que produzcan residuos velarán por su correcta identificación, etiquetado y segregación, conforme a las directrices legales y a los procedimientos internos de la empresa. Se impulsará la reducción de la cantidad de residuos generados mediante la optimización de procesos y la introducción de tecnologías más eficientes.

Se establecerán zonas de almacenamiento preparadas para cada tipo de residuo, asegurando la integridad de los contenedores, la prevención de derrames y una ventilación adecuada cuando sea necesaria. El personal será responsable de cumplir las normas de seguridad establecidas y de mantener las áreas de almacenamiento en condiciones óptimas.

Toda remisión de residuos se efectuará siguiendo los requisitos del documento de identificación y, si procede, la notificación previa y autorización para residuos peligrosos. Solo se contratarán servicios de transporte autorizados que cumplan la normativa de aplicación. La empresa garantizará la trazabilidad de los residuos desde su expedición hasta su entrega en destino.

Se trabajará únicamente con gestores que dispongan de las autorizaciones requeridas y que ofrezcan garantías de excelencia técnica y legal. Se priorizarán las opciones de reutilización, reciclaje o valorización, reduciendo al mínimo la eliminación. La empresa solicitará y archivará los certificados de tratamiento o eliminación para cada tipo de residuo como constancia de su destino final.

Se llevará un registro actualizado que refleje la entrada y salida de residuos, indicando fechas, cantidades, naturaleza de los materiales y destino final. Esta información se conservará durante los plazos legalmente estipulados y se pondrá a disposición de las autoridades competentes cuando sea requerida. Los informes periódicos resultantes servirán para evaluar y mejorar las prácticas internas.

La empresa proporcionará formación específica sobre la gestión de residuos a todo el personal implicado, cubriendo aspectos esenciales como identificación, clasificación, almacenamiento y documentación. Se organizarán sesiones de actualización ante cambios normativos o cuando las necesidades operativas lo requieran. Las campañas de concienciación fomentarán una cultura de responsabilidad compartida en materia de sostenibilidad.

Se nombrará a una persona o departamento encargado de verificar el grado de aplicación de este código de conducta y de promover políticas ambientales coherentes. Se programarán inspecciones y auditorías, tanto internas como externas, para asegurar el cumplimiento de las normas establecidas. La empresa aplicará medidas disciplinarias cuando se detecten incumplimientos graves o repetidos.

Este código de conducta se revisará al menos una vez al año o ante cualquier modificación normativa o interna que así lo requiera. Las mejoras e innovaciones tecnológicas o procedimentales que surjan de los procesos de auditoría, de la experiencia práctica o de la evolución legislativa se incorporarán de forma progresiva, garantizando una adaptación continua a las exigencias del entorno.

La elaboración de este documento debe ser participativa, incorporando aportaciones de los distintos departamentos implicados (operaciones, medio ambiente, legal, compras) y validada por la alta dirección. Debe contar con una **versión oficial y accesible** para toda la plantilla, traducida si es necesario, y entregada durante la **formación inicial y sesiones periódicas de actualización**. En organizaciones certificadas según normas ISO (14001, 45001 o 37301), el código de conducta forma parte del sistema de gestión, y su cumplimiento debe evaluarse en auditorías internas y externas.

No basta con disponer del documento. El código debe ir acompañado de **mecanismos de control, sanciones internas y canales de denuncia** que permitan corregir desviaciones. Su valor no reside solo en lo que dice, sino en cómo se aplica, cómo se revisa y cómo influye en la toma de decisiones diaria. En el contexto actual, donde la responsabilidad penal de las empresas es un hecho y la reputación ambiental condiciona la competitividad, un código de conducta bien implantado **refuerza la integridad de la organización y demuestra compromiso con el cumplimiento normativo real**.

7

Educación ambiental y concienciación social

La gestión de residuos requiere el compromiso de la ciudadanía. Este capítulo aborda la importancia de la educación ambiental, las herramientas de participación y las estrategias para sensibilizar sobre las consecuencias de una mala gestión. También se analizan buenas prácticas profesionales y sociales aplicadas en el entorno local.

7.1 INTRODUCCIÓN A LA EDUCACIÓN AMBIENTAL

La **educación ambiental** es uno de los pilares esenciales para alcanzar una gestión sostenible de los residuos en cualquier ámbito, ya sea doméstico, empresarial o institucional. Se trata de un proceso continuo y transversal que permite a las personas adquirir **conocimientos, actitudes y habilidades para comprender los impactos de los residuos sobre el medioambiente**, actuar de forma responsable y contribuir activamente a su prevención, reducción y adecuada gestión. En el contexto actual, en el que las políticas públicas promueven modelos de economía circular y reducción del desperdicio, esta educación ya no puede entenderse como una actividad puntual o teórica, sino como una herramienta estratégica integrada en todos los niveles de la sociedad.

Uno de los aspectos clave de esta educación es su **capacidad para traducir normas y principios técnicos en acciones cotidianas y comprensibles**, especialmente en lo que respecta a la separación en origen, la reutilización de materiales o el correcto uso de los servicios municipales de recogida. La educación ambiental tiene además una dimensión ética y social: **fomenta la corresponsabilidad y la participación ciudadana**, impulsa el consumo responsable y permite entender que el residuo no es un "problema del contenedor", sino la consecuencia directa de nuestros modelos de producción y consumo.

ⓘ NOTA

En España, esta línea de trabajo está respaldada por múltiples iniciativas públicas y privadas. Tanto el Ministerio para la Transición Ecológica como las comunidades autónomas han incorporado planes de educación ambiental en sus estrategias de gestión de residuos. Además, existe una creciente implicación del sector educativo formal (centros escolares, universidades) y de colectivos sociales y vecinales que trabajan desde la base en proyectos de sensibilización y cambio de hábitos. No obstante, sigue existiendo una brecha entre el conocimiento ambiental y la práctica real, especialmente en sectores de población donde faltan recursos o motivación para participar activamente en la reducción de residuos.

Por ello, se requiere una educación que no se limite a transmitir datos, sino que conecte con la realidad de cada contexto, que sea inclusiva, adaptada a distintos niveles formativos, y capaz de demostrar con ejemplos concretos cómo una buena gestión de residuos puede mejorar la calidad de vida, generar empleo verde y contribuir a la salud del entorno.

7.2 HERRAMIENTAS DE PROMOCIÓN Y PARTICIPACIÓN

Para que la educación ambiental tenga un impacto real y duradero en la gestión de residuos, es necesario poner en marcha **herramientas efectivas de promoción y participación**, que permitan involucrar a la ciudadanía, empresas y entidades públicas de manera activa. Estas herramientas deben diseñarse en función del público objetivo, el entorno geográfico y los canales de comunicación disponibles, buscando siempre una interacción práctica y accesible que facilite la adopción de nuevos hábitos.

Una de las herramientas más extendidas son las **campañas de sensibilización** a nivel municipal o comarcal, desarrolladas por ayuntamientos, consorcios de residuos o mancomunidades. Estas campañas suelen combinar **materiales informativos, sesiones presenciales, puntos de información móvil, cartelería, redes sociales y actividades escolares**, y están centradas en promover la separación en origen, informar sobre los contenedores disponibles o explicar el funcionamiento de los puntos limpios. Para aumentar su eficacia, muchas se apoyan en **educadores ambientales** que actúan como mediadores entre la administración y la ciudadanía, resolviendo dudas y detectando errores frecuentes.

Campañas

En esta página se muestran las campañas de promoción específicas del área de Biodiversidad puestas en marcha por el Ministerio y clasificadas por temas.

🔗 Acceso a las campañas del Ministerio

Detección y seguimiento de flora exótica invasora mediante ciencia ciudadana: InvaPlant

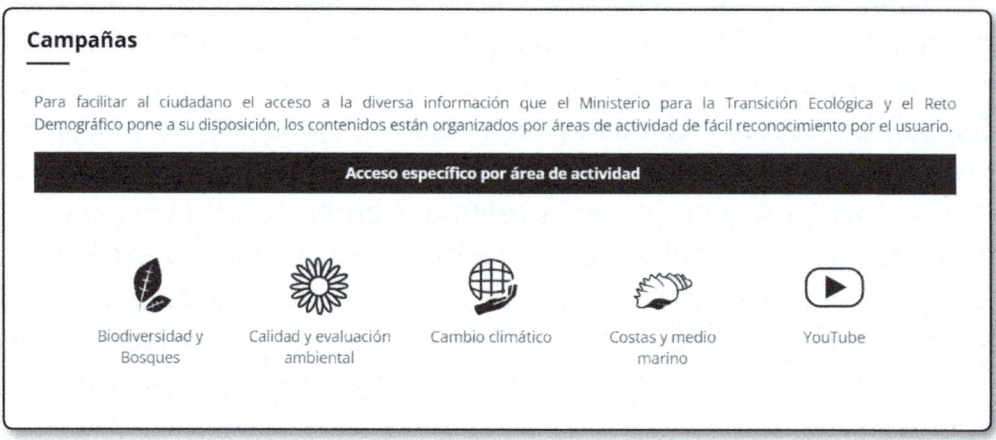

Acceso a las campañas del ministerio

Otra herramienta potente son las **auditorías participativas**, que permiten a los propios usuarios evaluar cómo se gestionan los residuos en su comunidad, empresa o centro educativo, e identificar posibles mejoras. Estas dinámicas refuerzan el compromiso porque parten del análisis colectivo y generan soluciones realistas y adaptadas al entorno.

En el ámbito digital, destacan las **apps móviles para gestión de residuos**, que permiten consultar dónde depositar cada residuo, notificar incidencias, reservar recogidas de voluminosos o calcular el ahorro ambiental derivado de buenas prácticas. Estas aplicaciones, desarrolladas por entidades locales o por plataformas como Ecoembes o Ecovidrio, están logrando acercar la gestión de residuos a públicos más jóvenes, familiarizados con el uso de tecnología en su día a día.

Las **experiencias de gamificación** son otro recurso en auge, especialmente en centros educativos o ferias ambientales. A través de juegos, concursos, retos y dinámicas de grupo, se introduce de forma lúdica información sobre residuos y sostenibilidad, favoreciendo el aprendizaje activo. La clave está en que el mensaje no se limite a informar, sino que active el interés y motive a cambiar comportamientos reales.

Por último, no debe subestimarse el papel de la **participación ciudadana directa** en procesos de decisión relacionados con residuos: elaboración de ordenanzas, diseño de nuevos servicios de recogida, propuestas de inversión en instalaciones o revisión de tarifas. Incluir a la población en estos debates mejora la calidad de las decisiones, y, refuerza la legitimidad de las políticas adoptadas.

En conjunto, estas herramientas no pueden plantearse como intervenciones aisladas. Requieren continuidad, evaluación de resultados y coordinación entre actores. La educación ambiental se consolida, así, como una política pública imprescindible para avanzar hacia una **gestión de residuos coherente con los objetivos climáticos, sociales y económicos del siglo XXI**.

7.3 PROBLEMÁTICAS DERIVADAS DE LA MALA GESTIÓN

Una **mala gestión de los residuos**, entendida como el incumplimiento de los principios básicos de prevención, clasificación, recogida selectiva, tratamiento adecuado y trazabilidad, genera una cadena de efectos negativos tanto a nivel ambiental como económico y social. Estos efectos pueden apreciarse de forma inmediata en el entorno local, pero también tienen repercusiones globales que contribuyen a la degradación de ecosistemas y al cambio climático. A nivel técnico, los errores de gestión se producen en diferentes fases: generación, almacenamiento, traslado, tratamiento final y documentación, siendo cada una de ellas susceptible de generar consecuencias específicas si no se controla adecuadamente.

En el plano **ambiental**, uno de los efectos más visibles es la **contaminación del suelo y de las aguas subterráneas** provocada por vertidos ilegales o por el almacenamiento prolongado de residuos sin aislamiento adecuado. En el caso de los residuos peligrosos, como aceites usados, disolventes o pilas, una fuga puede provocar la liberación de sustancias tóxicas persistentes que afectan a la calidad del agua, al equilibrio de los ecosistemas y a la biodiversidad local. Las malas prácticas en la gestión de residuos orgánicos, como el abandono de restos vegetales o purines en campo abierto, también generan **emisiones difusas de metano y amoníaco**, gases que agravan el calentamiento global y la acidificación del suelo.

Otro impacto frecuente es el **incremento de vectores sanitarios** —ratas, cucarachas, mosquitos— en zonas donde los residuos no se recogen con la periodicidad adecuada o se acumulan en puntos no autorizados. Esta situación se agrava en épocas de altas temperaturas, con riesgo de transmisión de enfermedades y percepción de inseguridad en el entorno urbano. También afecta directamente a la salud de trabajadores del sector residuos si no se utilizan equipos de protección adecuados o si la clasificación inicial en origen ha sido incorrecta.

Desde el punto de vista **económico**, una gestión deficiente genera sobrecostes derivados de la corrección de errores, sanciones administrativas, litigios o incluso interrupciones del servicio. Por ejemplo, si una empresa no clasifica correctamente sus residuos y los traslada sin notificación previa, puede enfrentarse a multas que van desde los **900 euros a los 600.000 euros**, según el tipo de infracción, tal como establece la **Ley 7/2022**. Además, los municipios que no cumplen con los objetivos de reciclaje establecidos por la UE pueden perder financiación europea o verse obligados a pagar **eco-impuesto adicional**.

También existen **efectos sociales y culturales**, especialmente en barrios o zonas donde los servicios de recogida son deficientes o la educación ambiental no ha sido prioritaria. La acumulación de residuos en la vía pública genera malestar ciudadano, reduce la calidad de vida y contribuye a la **degradación del espacio público**, dificultando la cohesión social y la imagen del entorno. Esta percepción negativa se intensifica si no hay mecanismos de participación ni canales para reportar problemas, lo que alimenta la sensación de abandono institucional.

Por último, una gestión inadecuada bloquea la posibilidad de implantar modelos de **economía circular**, ya que la recuperación de materiales y la reutilización de recursos dependen directamente de una recogida y tratamiento bien organizados. Sin una separación en origen efectiva, el reciclaje se vuelve inviable y los residuos terminan en vertederos, contraviniendo la jerarquía de residuos que prioriza la prevención, reutilización y valorización frente a la eliminación.

7.4 SOCIEDAD Y RESIDUOS URBANOS

La **relación entre la sociedad y los residuos urbanos** refleja de forma directa el modelo de consumo dominante, el grado de concienciación ambiental de la ciudadanía y la capacidad de respuesta de las instituciones públicas. Los residuos generados en hogares, comercios, oficinas y pequeños establecimientos representan una parte significativa del total gestionado por los sistemas municipales, y su composición evoluciona con rapidez debido a los cambios en los hábitos de consumo, los envases y el tipo de productos comercializados.

Según datos del Instituto Nacional de Estadística (INE), en 2022 se recogieron alrededor de 482 kg de residuos urbanos por habitante en España, cifra que abarca tanto los residuos mezclados como aquellos recogidos por separado. Esta cantidad, aunque cercana, es ligeramente superior a los 455 kg mencionados en tu comentario. De ese volumen total, menos del 40% se gestionó mediante recogida selectiva, lo cual se alinea con lo que señalas.

En cuanto a las metas establecidas en la Directiva 2008/98/CE, la normativa europea fija objetivos de preparación para la reutilización y el reciclaje de residuos domésticos del 55% en 2025, del 60% en 2030 y del 65% en 2035. España, tras haber adaptado esta normativa a su legislación nacional, trabaja para cumplir con dichos compromisos.

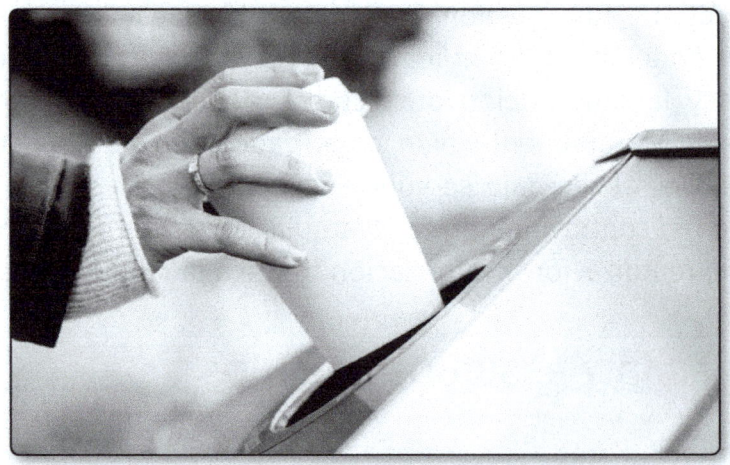

Sin embargo, para alcanzar estos porcentajes no basta con ajustes en la logística. Se requiere un cambio sustancial en los hábitos de la ciudadanía, impulsado por campañas de concienciación, disposiciones más estrictas y sistemas de incentivos que promuevan y faciliten la separación y el reciclaje de residuos.

Uno de los retos más evidentes es la **falta de separación correcta en origen**, tanto por desconocimiento como por desinterés o falta de infraestructuras accesibles. Muchos ciudadanos siguen depositando envases con restos de alimentos en el contenedor amarillo, mezclando orgánicos con inorgánicos o desechando residuos electrónicos en la fracción resto. Estas malas prácticas comprometen el reciclaje, encarecen el tratamiento y dificultan la valorización de materiales. También afectan al personal encargado de la recogida y clasificación, que debe manipular residuos mal identificados o contaminados, incrementando los riesgos laborales.

Por otro lado, hay una creciente sensibilización en algunos sectores de la sociedad, especialmente entre los jóvenes y en entornos urbanos, donde proliferan iniciativas de consumo responsable, compostaje comunitario, reparación de objetos y reducción de envases. Estas prácticas, aunque todavía minoritarias, están generando redes locales que refuerzan el vínculo entre ciudadanía y gestión de residuos. La expansión de los **puntos limpios móviles**, los **bancos de objetos reutilizables** o los sistemas de **incentivos por reciclaje (como Reciclos o sistemas de devolución y retorno)**, muestran que una parte de la población está dispuesta a implicarse, siempre que las condiciones lo faciliten.

> **ⓘ NOTA**
>
> El papel de los medios de comunicación, las redes sociales y las campañas institucionales también es determinante. Los mensajes que visibilizan la conexión entre residuos y problemas como la contaminación marina, el cambio climático o el despilfarro de recursos contribuyen a cambiar actitudes. Sin embargo, se requiere continuidad, claridad y coordinación entre administraciones para que el mensaje sea eficaz. La sociedad responde mejor cuando se le explican las consecuencias concretas de sus acciones, cuando se le facilita la participación y cuando se reconoce su esfuerzo mediante resultados tangibles.

7.5 GUÍAS MEDIOAMBIENTALES LOCALES

Las **guías medioambientales locales** son instrumentos técnicos y divulgativos elaborados por administraciones públicas, consorcios, mancomunidades, asociaciones o empresas del sector, con el objetivo de **orientar a la ciudadanía, empresas y organismos locales sobre cómo actuar correctamente en materia de gestión ambiental, y más**

específicamente, en la gestión de residuos. Estas guías cumplen una función de acompañamiento para que los agentes locales comprendan las obligaciones legales, apliquen buenas prácticas y adapten su comportamiento cotidiano a los principios de prevención, reutilización, reciclaje y trazabilidad.

Ejemplo de guía de gestión de residuos: https://ecoembesthecircularcampus.com/web/app/uploads/2021/01/Guia-Tecnica-Gestion-Residuos-Municipales_Web_Edicion2_compressed.pdf

En el ámbito municipal, este tipo de documentos ofrecen indicaciones claras sobre **qué residuos deben depositarse en cada fracción**, cómo utilizar correctamente los **puntos limpios** o qué hacer con los residuos voluminosos, los aparatos eléctricos o los restos de obras menores. Algunas incluyen **calendarios de recogida puerta a puerta**, rutas de recogida selectiva, teléfonos de contacto para servicios específicos o recomendaciones para compostaje doméstico. En zonas rurales, donde la gestión puede ser más dispersa, las guías también explican cómo minimizar los residuos agrícolas, evitar quemas incontroladas y entregar los envases fitosanitarios en puntos autorizados como SIGFITO.

Más allá de la gestión doméstica, muchas guías están enfocadas en sectores profesionales concretos, como la construcción, la hostelería o el comercio. En estos casos, el documento detalla las **obligaciones legales del productor de residuos**, la forma correcta de documentar su traslado, los códigos LER aplicables, las condiciones de almacenamiento temporal o la importancia de contratar solo con gestores autorizados.

7.6 BUENAS PRÁCTICAS PROFESIONALES Y SOCIALES

Las **buenas prácticas profesionales y sociales en la gestión de residuos** representan el conjunto de acciones voluntarias o reglamentadas que permiten **mejorar la eficacia, sostenibilidad y legalidad de los procesos relacionados con la producción, recogida, transporte, tratamiento y reducción de residuos**. Estas prácticas se han consolidado como parte esencial del desempeño ambiental de organizaciones públicas y privadas, y también como expresión del compromiso ciudadano con el entorno.

En el ámbito profesional, una buena práctica implica **más que el cumplimiento mínimo de la norma**. Consiste en optimizar procesos, incorporar criterios de prevención, fomentar la economía circular y reducir los impactos ambientales derivados de la actividad. En una empresa, esto puede traducirse en la **separación sistemática de residuos en origen**, el uso de materiales reciclables, la eliminación progresiva de productos de un solo uso o la implantación de procedimientos documentados para el control del almacenamiento y traslado de residuos peligrosos. También incluye la **formación periódica del personal**, la revisión de contratos con gestores y transportistas, y la aplicación de criterios ambientales en la toma de decisiones logísticas y de compras.

Por ejemplo, en el sector de la construcción, una práctica destacada es la **clasificación in situ de residuos de obra** para facilitar su reciclaje y evitar que acaben mezclados como residuos no peligrosos. En el sector sanitario, implementar un sistema eficaz de segregación entre residuos biosanitarios, citotóxicos y no peligrosos permite reducir costes y garantizar la trazabilidad. En la industria agroalimentaria, evitar el desperdicio de alimentos mediante sistemas de redistribución o valorización de residuos orgánicos mediante compostaje industrial son ejemplos de cómo una buena práctica repercute positivamente en la gestión global.

Desde el punto de vista social, las buenas prácticas están relacionadas con **hábitos de consumo responsable, participación en los sistemas de recogida, y actitudes proactivas frente a la prevención de residuos**. La elección de productos con menor embalaje, el uso de contenedores correctos, el aprovechamiento de servicios municipales como puntos limpios, o la práctica del compostaje doméstico son algunas de las acciones que muestran cómo el comportamiento individual incide directamente en el modelo de gestión colectiva. También es una buena práctica la **colaboración con campañas municipales**, el uso de canales de denuncia ambiental cuando se detectan infracciones o la participación en proyectos de economía colaborativa que prolongan la vida útil de los productos.

El reconocimiento institucional de estas buenas prácticas, mediante **certificaciones, premios ambientales o programas de adhesión voluntaria**, es una herramienta útil para incentivar su adopción. Programas como **EMAS, ISO 14001 o el Distintivo de Garantía de Calidad Ambiental** en Cataluña han demostrado ser eficaces para consolidar estas acciones dentro de una cultura organizacional basada en la mejora continua.

Para que estas prácticas se consoliden en el tiempo y escalen en impacto, es imprescindible que estén **documentadas, evaluadas y replicadas**. Las administraciones públicas, especialmente los ayuntamientos, tienen un papel clave a la hora de visibilizarlas, apoyar su difusión y facilitar los medios necesarios para que el compromiso individual o colectivo se transforme en mejoras reales en la gestión de residuos.

8

Estudios aplicados y casos prácticos

En este capítulo, se presentan casos prácticos y estudios sectoriales que permiten aplicar los conocimientos teóricos en contextos concretos. Se analizan campañas de sensibilización, prácticas de gestión en distintos entornos y evaluaciones de impacto ambiental, reforzando así la dimensión práctica del aprendizaje.

8.1 ANÁLISIS DE CAMPAÑAS DE SENSIBILIZACIÓN

Las **campañas de sensibilización ambiental** orientadas a la gestión de residuos tienen como finalidad principal **informar, motivar y activar a la ciudadanía, a las empresas y a los colectivos sociales para mejorar sus prácticas relacionadas con la prevención, separación, recogida y reducción de residuos**. Estas campañas buscan generar un cambio de comportamiento sostenido en el tiempo, adaptado a las realidades locales, y coherente con los objetivos de sostenibilidad establecidos por las políticas públicas.

Para diseñar campañas de concienciación ambiental con resultados favorables, es imprescindible considerar varios elementos clave que contribuyen a su eficacia. A continuación, se presentan los aspectos más relevantes:

- ▸ **Objetivo definido:** conviene determinar con precisión el comportamiento que se desea fomentar o modificar (por ejemplo, incrementar el reciclaje, reducir el consumo de plásticos o promover el ahorro de agua).

- ▸ **Audiencia específica:** es aconsejable delimitar con claridad a quién se dirige la campaña (familias, jóvenes, empresas, etc.), para personalizar el mensaje y seleccionar los canales de comunicación adecuados.

- ▸ **Mensajes atractivos:** los contenidos deben ser directos, emocionales y fáciles de recordar. Un recurso frecuente consiste en mostrar datos llamativos, plantear interrogantes que generen reflexión o relatar historias inspiradoras.

- ▸ **Medios de difusión:** es recomendable emplear redes sociales, vídeos, actividades en espacios públicos, talleres de formación e incluso colaboraciones con entidades o personalidades de influencia.

- ▸ **Llamada a la acción concreta:** se sugiere ofrecer propuestas claras y factibles, como "separar los residuos en tres contenedores" o "utilizar bolsas de tela para las compras diarias".

- ▸ **Evaluación y resultados:** se recomienda definir indicadores medibles (como el incremento en la recogida selectiva o la disminución en la cantidad de basura generada) y realizar un seguimiento periódico para evaluar la repercusión de la campaña.

Ejemplo

Campaña de reciclaje en comunidades locales

En el caso de buscar un aumento en el porcentaje de residuos recogidos de forma separada, puede optarse por:

1. Organizar talleres formativos en escuelas y barrios.

2. Facilitar puntos de recogida bien señalizados y reforzar la información sobre qué se deposita en cada contenedor.

3. Ofrecer incentivos, por ejemplo, descuentos en la factura de servicios al alcanzar metas concretas de reciclaje.

4. Incluir testimonios de personas que hayan reducido de forma significativa sus residuos y los beneficios percibidos en su entorno.

En países como Suecia o Alemania, se han implementado iniciativas que combinan estímulos económicos —por ejemplo, el sistema de depósito de envases "Pfand"— con programas de concienciación dirigidos a la ciudadanía. Este planteamiento ha logrado porcentajes de reciclaje superiores al 60%.

En España se han desarrollado varias iniciativas de concienciación ambiental con resultados destacados. Una de las más influyentes es la campaña "Desnuda la Fruta", promovida por Greenpeace España a partir de 2018, cuyo objetivo principal consistió en reducir el uso excesivo de plásticos en el envasado de frutas y hortalizas. Gracias a un enfoque muy visual, logró un amplio alcance y abrió el debate sobre la urgencia de disminuir la generación de residuos plásticos:

https://es.greenpeace.org/es/noticias/desnudalafruta-exige-a-los-supermercados-que-eliminen-los-plasticos-de-un-solo-uso/

Objetivos:

▸ Disminuir la utilización de plásticos de un solo uso en la comercialización de alimentos.

▸ Impulsar la adopción de alternativas de empaquetado más respetuosas con el medio ambiente.

▸ Sensibilizar a la ciudadanía acerca de los efectos negativos de los plásticos desechables.

Estrategias:

▸ Empleo de imágenes impactantes que muestran frutas y verduras envueltas en plástico innecesario.

▸ Uso de redes sociales, fomentando la participación bajo etiquetas como #DesnudaLaFruta.

▸ Recogida de firmas para instar a los supermercados a implantar medidas más sostenibles.

▸ Colaboración con personalidades influyentes, con el fin de ampliar el alcance de la iniciativa.

La campaña consiguió atraer la atención del público y motivar cambios en determinados establecimientos, que comenzaron a reducir el uso de plásticos en sus productos frescos.

8.2 ESTUDIOS SECTORIALES

Los **estudios sectoriales en materia de gestión de residuos** permiten comprender cómo se aplican las normativas y estrategias de gestión en distintos contextos: industriales, urbanos y rurales. Esta mirada diferenciada resulta imprescindible porque las características técnicas, los marcos regulatorios y los recursos disponibles varían significativamente según el entorno. Las fuentes más fiables para este tipo de estudios son el **INE**, el **MITECO**, los informes del **ONTSI**, y los datos recopilados por las **comunidades autónomas y los consorcios locales**.

8.2.1 Gestión de residuos en industria

La **Memoria anual de generación y gestión de residuos**, publicada por el Ministerio para la Transición Ecológica y el Reto Demográfico, ofrece un panorama detallado y oficial sobre los diversos tipos de residuos gestionados en el país. En ella se incluyen datos sobre residuos municipales, envases, aparatos eléctricos y electrónicos, neumáticos fuera de uso, construcción y demolición, así como residuos industriales, entre otros. Esta información, de carácter público y con cobertura nacional, resulta esencial a la hora de contrastar y contextualizar los resultados que presentan informes o estudios sectoriales como los del Observatorio Sectorial DBK u otros análisis de índole privada.

Acceso a la Memoria anual de generación y gestión de residuos: https://www.miteco.gob.es/es/ calidad-y-evaluacion-ambiental/publicaciones/memoria-anual-generacion-gestion-residuos.html

Por un lado, la Memoria anual suministra cifras agregadas sobre la generación, métodos de tratamiento y tasas de recogida selectiva para cada tipo de residuo. Estos datos permiten observar la evolución y magnitud del fenómeno, la efectividad de las estrategias de recogida y la relevancia de cada categoría de desecho. Por otro lado, los estudios sectoriales suelen centrarse en cuestiones de mercado, como la facturación de las empresas dedicadas a la gestión de residuos, el grado de concentración empresarial y las previsiones de crecimiento o cambios normativos. De este modo, mientras la Memoria cumple un rol fundamental en la comprensión de la dimensión estadística y el encaje regulatorio, los estudios privados se orientan con mayor detalle a las perspectivas económicas y al análisis de la competitividad en el sector.

Cuando se combinan estos dos enfoques, se obtiene una visión global más sólida. Los datos oficiales ofrecen un marco cuantitativo de referencia en aspectos como cantidades totales generadas, progresión de la tasa de recogida selectiva o porcentaje de residuos destinados a valorización. Al mismo tiempo, los informes sectoriales completan este panorama aportando información sobre previsiones de demanda en los servicios de gestión, tendencias en la inversión, retos legislativos o requisitos de innovación tecnológica. Tal sinergia permite identificar con mayor claridad las oportunidades de negocio y las necesidades de mejora en la gestión de residuos, a la vez que se evalúa la viabilidad y rentabilidad de los diversos modelos de negocio en el sector.

Dentro del ámbito privado, una de las publicaciones más destacadas en el ámbito de la gestión de residuos industriales en España es el informe del Observatorio Sectorial DBK. Este documento ofrece una visión detallada de la evolución reciente y de las tendencias que caracterizan el sector, abordando temas como la gestión de residuos peligrosos, los factores determinantes para el éxito empresarial, así como las proyecciones a corto y medio plazo y el análisis de las oportunidades y amenazas que enfrentan las compañías dedicadas a esta actividad.

⬇ INFORME SECTORES

Transporte, Comunicaciones y SSPP

Nombre del estudio:	**GESTIÓN DE RESIDUOS INDUSTRIALES**
Publicación:	**Septiembre 2023**
Número de páginas:	**134**
Código CNAE:	**3812, 3822**
Precio	**2.575 euros + 4% IVA**

Entre sus principales ejes de contenido, el estudio describe la estructura del sector, valorando la cantidad de empresas, su ubicación geográfica y el grado de concentración del mercado. Además, profundiza en la tipología de los residuos gestionados, centrándose especialmente en los residuos peligrosos —por ejemplo, aceites usados, pinturas, disolventes, residuos de tipo sanitario o metálicos—. También incluye datos sobre la facturación global y por categoría de residuo, junto con el rendimiento económico de las firmas más relevantes. Finalmente, ofrece previsiones sobre la evolución del mercado y los desafíos que se vislumbran de cara al futuro.

8.2.2 Gestión en municipios

La gestión de residuos municipales en España constituye una de las competencias básicas de los ayuntamientos, reflejada en la normativa nacional y europea, y supervisada por la Administración General del Estado a través de informes y memorias anuales. Estas memorias, que el Ministerio para la Transición Ecológica y el Reto Demográfico pone a disposición pública, recopilan y actualizan datos sobre la generación de residuos en cada comunidad autónoma, así como información detallada sobre el destino de esos residuos, los porcentajes de reciclaje y los métodos de tratamiento utilizados.

En términos generales, los municipios son responsables de la recogida y transporte de los residuos de origen doméstico, comercial y de ciertos residuos asimilables a los urbanos. Una vez recogidos, se trasladan a instalaciones donde pueden clasificarse, reciclarse, valorizarse o eliminarse mediante depósito en vertedero o incineración controlada. La finalidad de este proceso es doble: garantizar el cumplimiento de la normativa ambiental vigente y avanzar hacia los objetivos europeos de economía circular, que exigen un incremento progresivo de la prevención, reutilización y reciclaje de residuos.

Las estadísticas publicadas en las memorias anuales permiten comparar la evolución temporal y territorial de la gestión de residuos. Por un lado, se puede conocer cuántos kilos de residuos per cápita se generan al año, así como la proporción que se recoge de forma separada (papel/cartón, envases ligeros, vidrio, materia orgánica, etc.). Por otro lado, las memorias muestran el grado de implantación de cada tipo de tratamiento, reflejando si se aumenta la valorización (reciclaje, compostaje, biometanización, etc.) o si todavía predomina el vertido.

Este análisis resulta muy útil para las administraciones locales, pues pone de relieve la eficacia de sus sistemas de recogida selectiva y señala áreas de mejora o necesidad de inversión.

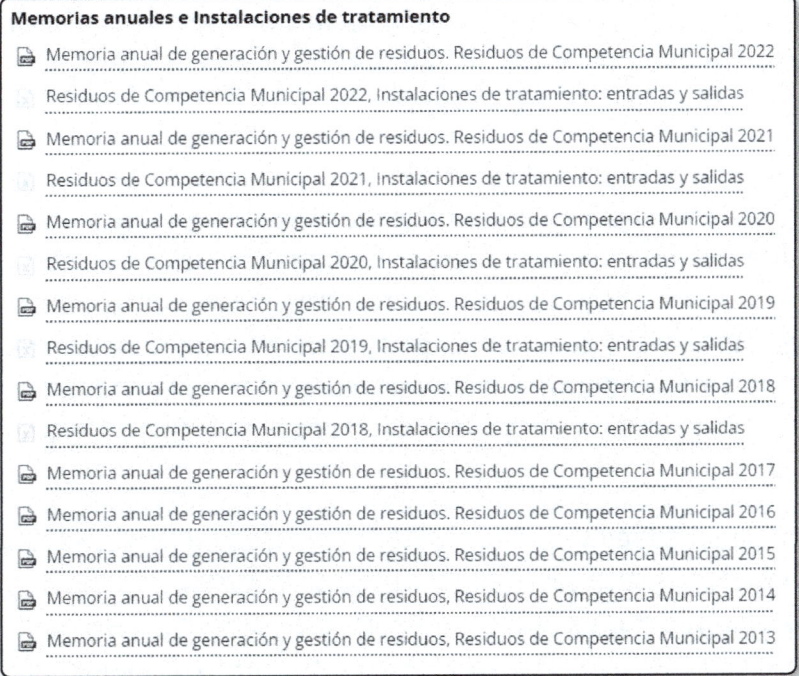

En la práctica, la eficacia de la gestión municipal de residuos depende de varios factores: el diseño de los servicios de recogida (frecuencia, rutas y contenedores disponibles), la implicación de la ciudadanía a la hora de separar los residuos, la disponibilidad de instalaciones de tratamiento en la zona o la colaboración con gestores autorizados que se encarguen de la valorización o la eliminación final. Además, en los últimos años se han reforzado las políticas y estrategias destinadas a la prevención, buscando reducir la cantidad de residuos generados en origen, tal y como exige la normativa europea.

8.2.3 Gestión en entornos rurales

La gestión de residuos en **entornos rurales** plantea desafíos particulares por su **dispersión geográfica, baja densidad poblacional y limitación de recursos técnicos y económicos**. En estos contextos, los estudios apuntan a que el sistema de recogida convencional presenta limitaciones, ya que el uso de contenedores distribuidos a gran distancia genera desincentivos para la separación y promueve el abandono de residuos en puntos no autorizados. Además, muchas veces **los residuos agroganaderos** se gestionan al margen del sistema municipal, lo que complica su control y su trazabilidad.

Una característica diferencial del entorno rural es la **mayor presencia de residuos orgánicos de origen doméstico, agrícola y animal**, que podrían valorizarse localmente mediante **compostaje doméstico o comunitario**. Sin embargo, los estudios muestran que la implantación de estas soluciones sigue siendo baja, salvo en experiencias piloto muy localizadas. La falta de formación técnica, la desconfianza hacia nuevas prácticas o la ausencia de ayudas específicas son factores que limitan su expansión.

Otro aspecto recurrente es la **deficiencia en infraestructuras**, como puntos limpios accesibles o instalaciones de transferencia. En muchas comarcas, los residuos deben transportarse a decenas de kilómetros, lo que **encarece el servicio y lo hace menos eficiente**. Las mancomunidades que han desarrollado modelos compartidos de recogida y tratamiento han logrado resultados más sostenibles, pero requieren una buena coordinación institucional y una financiación estable.

En cuanto al cumplimiento normativo, **las inspecciones y controles son más difíciles de implementar** en zonas rurales, lo que incrementa el riesgo de prácticas informales, como la quema de residuos vegetales o el vertido no autorizado de residuos inertes. Estas prácticas, además de ilegales, contribuyen a la degradación del paisaje y a la emisión de contaminantes atmosféricos.

8.3 CASOS PRÁCTICOS SOBRE TRASLADO, TRATAMIENTO Y VALORIZACIÓN

A continuación, se presentan tres situaciones ficticias que ilustran distintos aspectos relacionados con el traslado, tratamiento y valorización de residuos. Su objetivo es mostrar de manera clara y práctica los pasos e implicaciones legales y técnicas de cada caso, desde la correcta identificación de los residuos hasta las operaciones de valorización y eliminación, siempre cumpliendo la normativa vigente y asegurando la trazabilidad documental a lo largo de todo el proceso.

1. Residuo peligroso de baños de galvanizado (Zaragoza)

Empresa del sector metalúrgico en Zaragoza que genera residuos peligrosos, concretamente baños de galvanizado usados. Este residuo, debido a su contenido en metales pesados y ácidos, debe clasificarse como peligroso, almacenado en contenedores etiquetados según la normativa CLP, y trasladado con notificación previa a una planta de tratamiento en Cataluña. El procedimiento requiere cumplimentar el documento de identificación (DI), gestionar la notificación mediante la plataforma eSIR, y garantizar que el transportista y el gestor están autorizados por la comunidad autónoma correspondiente. Tras la recogida, el residuo es tratado mediante neutralización química y precipitación selectiva, recuperando parte del zinc y transformando los lodos resultantes en un residuo no peligroso que se envía a vertedero controlado.

2. Recogida y valorización de fracción orgánica (San Sebastián)

Recogida y valorización de fracción orgánica en San Sebastián, donde se aplica el sistema de recogida puerta a puerta para biorresiduos desde hace más de una década. La materia orgánica recogida es enviada a una planta de digestión anaerobia, donde se genera biogás utilizado como energía para la propia planta y como inyección en la red de gas. El digestato obtenido se utiliza como enmienda orgánica en agricultura, cumpliendo con los requisitos establecidos por el Reglamento (UE) 2019/1009 sobre productos fertilizantes. Este caso evidencia la eficacia de modelos locales de valorización cuando existe una correcta separación en origen, una infraestructura adaptada y una implicación ciudadana alta.

3. Proyecto piloto de recogida de plásticos agrícolas (comarca de la Vera)

Proyecto piloto en la comarca de la Vera (Cáceres), donde se recoge plástico agrícola de acolchado y envases de fitosanitarios en explotaciones hortícolas. A través de un sistema de logística compartida entre cooperativas y una entidad de gestión autorizada (SIGFITO), los residuos se agrupan en centros de acopio temporal, desde los cuales se trasladan a una planta de reciclaje en Toledo. Allí, el plástico limpio se transforma en granza para fabricar nuevos materiales agrícolas, y los residuos no valorizables se destinan a valorización energética en cementeras, cumpliendo los requisitos del RD 553/2020 y manteniendo la trazabilidad documental mediante archivos en formato E3L.

8.4 EVALUACIÓN DEL IMPACTO AMBIENTAL ASOCIADO

A continuación, se analiza el impacto ambiental que podrían tener tres casos ficticios de gestión de residuos —uno relacionado con residuos peligrosos de la industria metalúrgica, otro centrado en la fracción orgánica de origen municipal y un tercero que involucra plásticos agrícolas—, abordando los potenciales riesgos que conllevaría su manejo inadecuado y resaltando, al mismo tiempo, las ventajas ambientales que se obtienen al aplicar medidas de tratamiento, valorización y trazabilidad.

1. Residuo peligroso de baños de galvanizado (Zaragoza)

El principal riesgo medioambiental reside en la manipulación y transporte de un residuo clasificado como peligroso por su contenido en metales pesados y ácidos. Una gestión inadecuada podría traducirse en derrames de sustancias tóxicas, con potencial de contaminar suelos y aguas subterráneas. Sin embargo, el hecho de contar con un almacenamiento seguro, un etiquetado correcto según la normativa CLP y la notificación previa a través de la plataforma eSIR mitiga significativamente el riesgo de incidentes. El proceso de neutralización química y precipitación selectiva, además de recuperar parte del zinc, reduce el volumen de residuos peligrosos que termina en vertederos. Esto minimiza la huella ambiental respecto a un vertido directo de productos corrosivos o metálicos. Aun así, la deposición final de los lodos en un vertedero controlado exige un estricto cumplimiento de las medidas de control de lixiviados y sellado para evitar emisiones residuales al entorno.

2. Recogida y valorización de fracción orgánica (San Sebastián)

En este caso, el impacto potencial se centra en la gestión de la materia orgánica, que de no tratarse apropiadamente podría dar lugar a emisiones de metano y olores molestos, así como a la proliferación de patógenos. El sistema de recogida puerta a puerta reduce la presencia de impropios en la fracción orgánica, facilitando un proceso de digestión anaerobia más eficiente y limpio. La generación de biogás permite obtener energía renovable y disminuir la dependencia de combustibles fósiles, contribuyendo a reducir las emisiones de gases de efecto invernadero. Por otro lado, el uso del digestato como enmienda orgánica impulsa la economía circular y fomenta la fertilización sostenible de suelos agrícolas, siempre que se cumplan los requisitos de calidad y seguridad (como los establecidos en el Reglamento (UE) 2019/1009). De esta manera, el impacto ambiental se traduce en beneficios netos, dado que se aprovechan los residuos para producir energía renovable y mejorar la calidad del suelo sin recurrir a abonos químicos.

3. Proyecto piloto de recogida de plásticos agrícolas (comarca de la Vera)

La mayor amenaza ambiental en este escenario proviene del riesgo de abandono o quema incontrolada de plásticos agrícolas y envases de fitosanitarios, lo que podría generar liberación de contaminantes y residuos dispersos en el medio natural. El establecimiento de un sistema de logística compartida, con puntos de acopio temporal y el posterior traslado a una planta de reciclaje, limita este peligro al concentrar los residuos en instalaciones controladas. El reciclaje del plástico limpio en forma de granza da lugar a nuevos materiales para uso agrícola, reduciendo así la demanda de recursos vírgenes y las emisiones asociadas a la producción de plásticos nuevos. Paralelamente, la valorización energética de aquellos residuos que no pueden reciclarse cierra el ciclo de manera más sostenible que el vertido o la incineración sin aprovechamiento de calor. No obstante, para mantener un nivel de impacto medioambiental mínimo, es fundamental verificar el estado de los plásticos (en especial, la presencia de restos químicos) y asegurar que los centros de acopio y las cementeras cumplan con la normativa de emisiones y trazabilidad contemplada en el RD 553/2020.

Resumen

La gestión de residuos ha evolucionado desde una simple tarea de eliminación hasta convertirse en un sistema estratégico fundamental para la sostenibilidad ambiental y el cumplimiento normativo. Hoy día implica una planificación compleja que abarca desde el diseño de productos hasta su valorización o eliminación. Se basa en la economía circular, promoviendo la reutilización, el reciclaje y la valorización energética de los residuos, y solo contempla el vertido como última opción. Esta gestión requiere la participación de empresas, administraciones públicas y ciudadanos.

Es vital distinguir entre tres términos: residuo (aquello que su poseedor desecha), subproducto (material útil generado durante un proceso que no requiere tratamiento adicional) y fin de condición de residuo (cuando un residuo tratado puede volver a usarse como recurso). Estas definiciones determinan los trámites, permisos y obligaciones legales que deben cumplirse. Por ejemplo, un aceite usado es residuo, el bagazo de uva puede ser subproducto, y la chatarra reciclada puede perder su condición de residuo.

La clasificación es clave para una gestión eficaz. Se puede hacer según:

- Peligrosidad: los residuos peligrosos presentan riesgos (inflamabilidad, toxicidad, corrosividad...) y están regulados estrictamente, con códigos específicos (LER con asterisco). Los no peligrosos no requieren medidas tan exigentes, pero también deben tratarse adecuadamente.

▸ Origen:

- Urbanos: procedentes de hogares, comercios y oficinas.
- Industriales: de procesos productivos.
- Rurales: de actividades agrícolas y ganaderas.
- Sanitarios: generados en entornos médicos.
- Mineros: de la actividad extractiva.

Cada tipo requiere una gestión técnica y normativa específica, desde la recogida hasta el tratamiento.

Para una gestión adecuada, es necesario conocer las características físicas, químicas y biológicas del residuo: estado físico, composición, peligrosidad, etc. A partir de esta caracterización se le asigna un código LER, se etiqueta conforme al Reglamento CLP (con pictogramas de riesgo si es peligroso) y se documenta su trazabilidad. Esto permite cumplir con la normativa y garantizar la seguridad en el manejo.

Estudiar cuántos residuos se generan y de qué están compuestos ayuda a diseñar políticas de prevención, reciclaje y tratamiento. Por ejemplo, en entornos urbanos predominan residuos orgánicos, envases y papel. En industrias, la composición varía según la actividad (aceites, disolventes, metales...). Esta información se obtiene mediante muestreos y análisis, y permite ajustar estrategias de gestión a cada contexto.

Los residuos mal gestionados afectan al agua (lixiviados contaminantes), al aire (emisión de gases como metano o compuestos tóxicos), al suelo (contaminación y pérdida de fertilidad), a la fauna y flora (ingesta de plásticos o afectación por sustancias tóxicas) y a la salud humana (exposición a residuos sanitarios o químicos). Además, hay un impacto estético y económico: los vertederos ilegales o zonas sucias afectan al turismo y la calidad de vida.

Evaluación final

1. ¿Qué objetivo tiene la economía circular en la gestión de residuos?

a) Acumular residuos para su posterior análisis

b) Promover el aprovechamiento continuo de los recursos

c) Aumentar la producción de materiales nuevos

2. ¿Qué acción debe ser prioritaria antes de reciclar?

a) El vertido en vertederos

b) La reutilización

c) La valorización energética

3. ¿Cuál es la última opción dentro de la jerarquía de gestión de residuos?

a) Reciclaje

b) Valorización energética

c) Eliminación en vertedero

4. ¿Qué se entiende por gestión integral de residuos?

a) El control de residuos peligrosos

b) La recogida de residuos urbanos

c) La planificación completa desde la generación hasta su destino final

5. ¿Quiénes son responsables en el sistema de gestión de residuos?

a) Solo las administraciones públicas

b) Ciudadanos, empresas y administraciones

c) Únicamente las empresas

6. ¿Qué ley española regula actualmente la gestión de residuos?

a) Ley 7/2022

b) Ley 2/2014

c) Ley 12/2008

7. ¿Cuál de estos niveles normativos no forma parte del marco regulador?

a) Internacional

b) Local

c) Personal

8. ¿Qué normativa europea es clave en la gestión de residuos?

a) Reglamento REACH

b) Directiva 2008/98/CE

c) Directiva 2010/12/UE

9. ¿Qué documento acredita el traslado de residuos peligrosos?

a) Documento de origen

b) Informe ambiental

c) Documento de identificación (DI)

10. ¿Qué instrumento ayuda a evitar sanciones por incumplimiento ambiental?

a) El reciclaje obligatorio

b) El compliance ambiental

c) El transporte selectivo

11. ¿Qué caracteriza a un residuo peligroso?

a) Su tamaño

b) Su posible impacto ambiental o en la salud

c) Su color

12. ¿Cuál de los siguientes residuos es urbano?

a) Ácidos de batería

b) Restos de comida doméstica

c) Estériles mineros

13. ¿Qué significa el asterisco en el código LER?

a) Residuo reciclable

b) Residuo orgánico

c) Residuo peligroso

14. ¿Qué tipo de residuo se genera en actividades médicas?

a) Residuo sanitario

b) Residuo rural

c) Residuo minero

15. ¿Qué residuo es típico del entorno agrícola?

a) Fármacos caducados

b) Estiércol

c) Pintura

16. ¿Qué código identifica un residuo en la UE?

a) Código NIMA

b) Código REACH

c) Código LER

17. ¿Qué documento describe los riesgos de un producto químico?

a) Factura de compra

b) Ficha de datos de seguridad

c) Guía del usuario

18. ¿Qué propiedad NO es típica de un análisis físico?

a) Viscosidad

b) Composición química

c) Granulometría

19. ¿Qué pictograma indica un residuo inflamable?

a) Calavera

b) Llama

c) Árbol y pez

20. ¿Qué herramienta ayuda a seleccionar correctamente el código LER?

a) Hoja de ruta

b) Diagrama de asignación

c) Manual de usuario

21. ¿Qué es la producción de residuos?

a) El tipo de tratamiento

b) La cantidad generada en un periodo

c) El lugar donde se recogen

22. ¿Qué tipo de residuo predomina en los hogares?

a) Metales pesados

b) Orgánicos

c) Disolventes

23. ¿Qué variable cambia la composición de los residuos a lo largo del tiempo?

a) La tecnología

b) La opinión pública

c) La religión

24. ¿Qué sector genera residuos como pinturas, disolventes o aceites?

a) Sanitario

b) Industrial

c) Urbano

25. ¿Qué material ha aumentado con el comercio electrónico?

a) Textiles

b) Pilas

c) Cartón

26. ¿Qué son los lixiviados?

a) Gases contaminantes

b) Líquidos contaminantes filtrados por residuos

c) Partículas sólidas

27. ¿Qué gas de efecto invernadero emiten los residuos orgánicos al descomponerse?

a) CO2

b) Metano (CH_4)

c) Ozono

28. ¿Qué puede provocar la ingestión de plásticos por animales marinos?

a) Aceleración del metabolismo

b) Aumento de la biodiversidad

c) Muerte y alteración de cadenas tróficas

29. ¿Qué residuos pueden liberar dioxinas si se queman sin control?

a) Vidrios

b) RAEEs

c) Papel

30. ¿Qué problema provoca la acumulación de residuos en espacios públicos?

a) Mejora del paisaje

b) Aumento del valor turístico

c) Degradación social y ambiental

31. ¿Qué número identifica a un productor de residuos?

a) Número CLP

b) NIMA

c) CIF

32. ¿Qué documento se utiliza para el transporte de residuos peligrosos?

a) Informe ambiental

b) Certificado de sostenibilidad

c) Documento de identificación (DI)

33. ¿Qué es obligatorio conservar durante al menos 3 años?

a) Contratos laborales

b) Etiquetas del producto

c) Documentación del residuo

34. ¿Qué autoridad puede revisar la clasificación de residuos?

a) Policía local

b) Administración ambiental

c) Ayuntamiento

35. ¿Qué implica una incorrecta clasificación del residuo?

a) Descuentos fiscales

b) Sanciones legales

c) Más reciclaje

36. ¿Qué busca el compliance ambiental?

a) Reducir impuestos

b) Asegurar el cumplimiento de la normativa ambiental

c) Aumentar la competitividad empresarial

37. ¿Qué componente debe tener una política ambiental empresarial?

a) Confidencialidad

b) Correcta gestión de residuos

c) Diseño gráfico

38. ¿Qué práctica fomenta la economía circular?

a) Eliminación sin tratamiento

b) Uso de materias primas vírgenes

c) Reutilización y reciclaje

39. ¿Qué actor debe aplicar protocolos ambientales?

a) Solo la administración

b) Empresas y organizaciones

c) Usuarios de servicios públicos

40.¿Qué elemento ayuda a anticipar riesgos ambientales?

a) Código postal

b) Evaluación de riesgos

c) Declaración de la renta

Soluciones

1. b	11. b	21. b	31. b
2. b	12. b	22. b	32. c
3. c	13. c	23. a	33. c
4. c	14. a	24. b	34. b
5. b	15. b	25. c	35. b
6. a	16. c	26. b	36. b
7. c	17. b	27. b	37. b
8. b	18. b	28. c	38. c
9. c	19. b	29. b	39. b
10. b	20. b	30. c	40. b

1. **La Ley _____ regula en España la gestión de residuos y suelos contaminados para una economía circular.**

2. **El código LER con un _____ indica que se trata de un residuo peligroso.**

3. **El residuo orgánico doméstico suele gestionarse mediante procesos como el _____.**

4. El cumplimiento normativo ambiental en una empresa se evalúa a través del sistema de _____.

5. Un residuo que, tras tratamiento, vuelve al ciclo productivo se considera que ha alcanzado el _____ de su condición de residuo.

Soluciones:

1. 7/2022

2. asterisco

3. compostaje

4. compliance

5. fin

1. ¿Qué diferencia hay entre un residuo y un subproducto según la legislación española?

2. Explica por qué es importante caracterizar un residuo antes de su tratamiento.

3. ¿Qué riesgos ambientales puede generar una mala gestión de los residuos sanitarios?

4. ¿Qué papel tiene la ciudadanía en el sistema de gestión integral de residuos?

5. ¿Por qué es útil el Listado Europeo de Residuos (LER) en la trazabilidad?

Soluciones:

1. Un residuo es cualquier sustancia u objeto del que su poseedor se desprende o tiene intención de desprenderse. En cambio, un subproducto es un material no buscado directamente pero que puede usarse legalmente y sin tratamiento adicional en otro proceso productivo.

2. Porque permite conocer sus propiedades físicas, químicas o biológicas, lo que garantiza una gestión adecuada, segura y legal, previniendo riesgos ambientales y de salud.

3. Pueden generar infecciones, contaminación del aire si se incineran sin control, o filtraciones peligrosas al suelo y al agua si no se gestionan correctamente.

4. La ciudadanía tiene un rol esencial en la separación en origen, la reducción del consumo y la participación en campañas de concienciación, lo cual mejora la eficiencia del sistema.

5. Porque asigna un código uniforme a cada tipo de residuo, facilitando su identificación, documentación y seguimiento legal en toda la Unión Europea.

Glosario

A

- **Abono orgánico:** producto obtenido de la descomposición biológica de materia orgánica, utilizado para enriquecer suelos agrícolas.

- **Acopio:** acumulación temporal de residuos antes de su traslado o tratamiento.

- **Agente ambiental:** persona encargada de labores de inspección, educación o vigilancia relacionadas con el medio ambiente.

- **Almacenamiento temporal:** retención provisional de residuos en condiciones seguras hasta su gestión definitiva.

- **Análisis de ciclo de vida (ACV):** herramienta para evaluar el impacto ambiental de un producto o servicio desde su origen hasta su eliminación.

B

- **Biorresiduos:** residuos biodegradables de origen vegetal o animal, como restos de comida o poda.

- **Biogás:** gas generado por la descomposición anaerobia de residuos orgánicos, con potencial energético.

- **Biodigestor:** sistema cerrado que facilita la digestión anaerobia de materia orgánica para generar biogás.

▶ **Biorremediación:** técnica que usa organismos vivos para limpiar suelos o aguas contaminadas.

▶ **Biometanización:** proceso biológico para obtener metano a partir de residuos orgánicos.

C

▶ **Cadena de custodia:** seguimiento documentado de residuos para asegurar su trazabilidad y legalidad.

▶ **Calor recuperado:** energía térmica obtenida de la valorización energética de residuos.

▶ **Código LER:** identificador numérico del Listado Europeo de Residuos que clasifica cada tipo de residuo.

▶ **Compostaje:** descomposición controlada de residuos orgánicos para producir compost.

▶ **Contaminante emergente:** sustancia que aún no está regulada, pero representa un riesgo ambiental potencial.

D

▶ **Declaración de residuos:** documento legal que detalla los residuos generados, transportados o gestionados.

▶ **Descontaminación:** eliminación de sustancias peligrosas de un residuo o instalación.

▶ **Desecho:** material descartado que no tiene valor aparente ni utilidad inmediata.

▶ **Disposición final:** etapa última de la gestión, en la que los residuos se eliminan o estabilizan.

▶ **Documento de identificación (DI):** documento que acompaña a los residuos durante su traslado, obligatorio por ley.

E

▶ **Ecogestión:** gestión ambiental responsable aplicada a procesos o servicios.

▶ **Ecoetiqueta:** distintivo que indica que un producto cumple criterios ambientales.

▶ **Economía circular:** modelo de producción y consumo basado en reutilizar, reparar y reciclar materiales.

▶ **Eliminación:** cualquier operación que no permita el aprovechamiento de residuos, como el vertido.

▶ **Envase:** producto diseñado para contener, proteger o manipular mercancías, que puede convertirse en residuo.

F

▶ **Ficha de seguridad:** documento técnico que detalla riesgos y recomendaciones sobre sustancias o residuos peligrosos.

▶ **Fin de la condición de residuo:** reconocimiento legal de que un residuo ha sido tratado y puede usarse como recurso.

▶ **Flujos específicos:** categorías de residuos que requieren un tratamiento especial por su naturaleza o normativa.

▶ **Fracción resto:** residuos no reciclables recogidos en la bolsa "gris" del sistema municipal.

▶ **Fuente emisora:** punto o actividad que genera residuos o emisiones contaminantes.

G

▶ **Gestión de residuos:** conjunto de actividades relacionadas con la recogida, transporte, tratamiento y eliminación de residuos.

▶ **Gestor autorizado:** empresa o entidad registrada para realizar operaciones de gestión de residuos.

▸ **Gestión interna:** actividades de gestión realizadas por el propio productor en sus instalaciones.

▸ **Gestión externa:** servicios de gestión contratados a un tercero autorizado.

▸ **Gran productor de residuos:** instalación o entidad que genera cantidades significativas de residuos, según criterios autonómicos.

H

▸ **Huella ecológica:** indicador que estima el impacto ambiental de una actividad o producto.

▸ **Huella de carbono:** medida de gases de efecto invernadero emitidos directa o indirectamente por una actividad.

▸ **Horno de incineración:** instalación que quema residuos con o sin recuperación de energía.

▸ **Horizonte de vertido:** límite físico y temporal en la capacidad de un vertedero.

▸ **Humedad relativa:** porcentaje de agua presente en un residuo, relevante para su tratamiento.

I

▸ **Identificación de residuos:** proceso de análisis que permite clasificar correctamente un residuo.

▸ **Impacto ambiental:** alteración del medio ambiente provocada por residuos u otras actividades humanas.

▸ **Incineración:** combustión controlada de residuos con generación o no de energía.

▸ **Indicadores ambientales:** parámetros utilizados para medir el desempeño ambiental.

▼ **Informe de residuos:** documento técnico que recoge la gestión de residuos en una instalación o actividad.

J

▼ **Jerarquía de residuos:** orden de preferencia para su gestión: prevención, reutilización, reciclaje, valorización y eliminación.

▼ **Jornada de concienciación:** actividad educativa para promover buenas prácticas ambientales.

▼ **Justificante de entrega:** documento que acredita la entrega de residuos a un gestor autorizado.

▼ **Junta de residuos:** órgano de coordinación administrativa en algunas comunidades autónomas.

▼ **Justificación documental:** obligación legal de conservar y presentar documentación relativa a la gestión de residuos.

K

▼ **Kg/hab/año:** unidad de medida usada para cuantificar residuos generados por persona al año.

▼ **Kits de derrames:** equipos de emergencia para contener o limpiar residuos líquidos peligrosos.

▼ **Kraftliner reciclado:** papel reciclado utilizado como envase y clasificado como residuo tras su uso.

▼ **Kilómetro cero:** concepto de gestión local que reduce transporte de residuos y emisiones.

▼ **Kinetina:** sustancia derivada de residuos orgánicos, utilizada como estimulante vegetal.

L

▶ **Lixiviado:** líquido generado al pasar agua por un residuo, especialmente en vertederos.

▶ **Listado Europeo de Residuos (LER):** clasificación común en la UE para identificar y gestionar residuos.

▶ **Licencia ambiental:** autorización que permite actividades con potencial impacto ambiental, incluida la gestión de residuos.

▶ **Logística inversa:** proceso de retorno de productos usados o residuos para su tratamiento o reciclaje.

▶ **Lodos de depuración:** residuos semisólidos generados por el tratamiento de aguas residuales.

M

▶ **Medidas correctoras:** acciones para mitigar los efectos negativos de una mala gestión de residuos.

▶ **Mejores Técnicas Disponibles (MTD):** conjunto de prácticas eficaces y viables para la gestión ambiental óptima.

▶ **Minimización de residuos:** estrategia para reducir la cantidad o peligrosidad de los residuos generados.

▶ **Monitorización ambiental:** seguimiento sistemático de variables ambientales asociadas a la gestión de residuos.

▶ **Módulo de tratamiento:** unidad funcional en una instalación de gestión de residuos.

N

▶ **Norma ISO 14001:** norma internacional para la gestión ambiental.

▶ **Notificación previa de traslado:** comunicación obligatoria que informa del traslado de residuos peligrosos.

▸ **NIMA:** Número de Identificación Medioambiental asignado a centros productores o gestores de residuos.

▸ **Neutralización:** tratamiento que reduce o elimina la peligrosidad de un residuo.

▸ **No peligroso:** residuo que no contiene sustancias que supongan un riesgo significativo para la salud o el medio ambiente.

O

▸ **Obligación documental:** deber de registrar, conservar y presentar información relativa a los residuos.

▸ **Operador del traslado:** persona física o jurídica responsable del traslado legal de los residuos.

▸ **Órgano competente:** administración pública con atribuciones legales en materia de residuos.

▸ **Organismo notificador:** autoridad que recibe y evalúa notificaciones de traslado.

▸ **Origen del residuo:** actividad o proceso que genera un residuo determinado.

P

▸ **Peligroso:** residuo que presenta características nocivas según la normativa europea.

▸ **Plan de residuos:** documento estratégico que organiza las actuaciones en materia de residuos.

▸ **Punto limpio:** instalación municipal para la recogida de residuos domésticos especiales.

▸ **Producción limpia:** modelo de producción que reduce el impacto ambiental desde el diseño.

▸ **Prevención de residuos:** conjunto de medidas orientadas a evitar la generación de residuos.

Q

▸ **Quema incontrolada:** incineración de residuos fuera de instalaciones autorizadas.

▸ **Químico peligroso:** sustancia presente en residuos que puede causar daño a personas o al entorno.

▸ **Quemado térmico:** proceso de incineración a altas temperaturas para residuos específicos.

▸ **Química verde:** enfoque de diseño de productos químicos con menor generación de residuos.

▸ **QR ambiental:** código digital con información sobre residuos o procesos ambientales.

R

▸ **RAEE:** residuos de aparatos eléctricos y electrónicos.

▸ **Rechazo:** parte del residuo no valorizable ni reciclable.

▸ **Reciclaje:** proceso para convertir residuos en nuevos productos.

▸ **Reutilización:** uso repetido de un producto o material sin modificarlo sustancialmente.

▸ **Residuo:** cualquier sustancia u objeto del que su poseedor se desprenda o tenga intención de desprenderse.

S

▸ **Segregación de residuos:** separación de residuos por tipo para su correcta gestión.

▸ **Sellado de vertederos:** cierre técnico de vertederos para evitar filtraciones y emisiones.

▼ **Sistema de gestión ambiental (SGA):** herramienta organizativa para controlar el impacto ambiental.

▼ **Subproducto:** sustancia que no es un residuo, pero se genera como parte de un proceso y se reutiliza legalmente.

▼ **Sustancia prioritaria:** contaminante identificado como especialmente dañino por la normativa.

T

▼ **Tasa de reciclaje:** porcentaje de residuos reciclados respecto al total generado.

▼ **Tratamiento de residuos:** operaciones físicas, químicas o biológicas para modificar residuos.

▼ **Transporte de residuos:** movimiento de residuos desde su lugar de origen hasta su destino final.

▼ **Trazabilidad:** capacidad de seguir el recorrido de los residuos desde su origen hasta su destino.

▼ **Túnel de compostaje:** instalación cerrada donde se controla la descomposición de residuos orgánicos.

SÍGUENOS EN INSTAGRAM Y ACCEDE GRATIS A NUESTRA BIBLIOTECA DIGITAL DURANTE 30 DÍAS.

@grupoeditorialrama

¡ENVÍANOS TU MAIL POR PRIVADO!

Grupo Editorial
ra-ma

40 ANIVERSARIO